高等学校大学计算机课程系列教材

U0187355

Oracle 大型数据库
基础开发教程

赵德玉 主 编

郝计奎 张龙翔 王振海 副主编

清华大学出版社

北京

内 容 简 介

本书主要面向 Oracle 数据库开发的初学者，详细讲解在 SQL ＊ Plus 环境下的 SQL 和数据库编程方法，与 Oracle DBA SQL 和 PL/SQL 相关内容关联较高。本书共 11 章。第 1 章讲解数据库的基本概念、关系代数和数据库设计步骤；第 2、3 章讲解 Oracle 数据库体系结构、SQL ＊ Plus 环境的使用和实例表数据；第 4～6 章讲解表、查询、完整性、索引和视图等内容；第 7 章讲解数据库用户管理；第 8～10 章讲解 PL/SQL 基本组成、存储过程、函数、程序包和触发器等数据库编程内容；第 11 章讲解 Java 操作 Oracle 数据库方法。

本书提供了配套在线课程资源，同时在智慧树上构建了知识图谱，可以帮助读者更好地学习相关内容。

本书可作为高等院校计算机类相关专业的"数据库应用"课程的教材，也可作为广大数据库技术人员和编程爱好者的自学读物。

图书在版编目（CIP）数据

Oracle 大型数据库基础开发教程：微课视频版 / 赵德玉主编. -- 北京：清华大学出版社，2024. 6.
（高等学校大学计算机课程系列教材）. -- ISBN 978-7-302-66606-6

Ⅰ. TP311.132.3
中国国家版本馆 CIP 数据核字第 2024ZV9210 号

策划编辑：魏江江
责任编辑：葛鹏程　薛　阳
封面设计：刘　键
责任校对：徐俊伟
责任印制：杨　艳

出版发行：清华大学出版社
　　　　　网　　　址：https://www.tup.com.cn，https://www.wqxuetang.com
　　　　　地　　　址：北京清华大学学研大厦 A 座　　　邮　　编：100084
　　　　　社 总 机：010-83470000　　　　　　　　　　邮　　购：010-62786544
　　　　　投稿与读者服务：010-62776969，c-service@tup.tsinghua.edu.cn
　　　　　质量反馈：010-62772015，zhiliang@tup.tsinghua.edu.cn
　　　　　课件下载：https://www.tup.com.cn，010-83470236
印 装 者：北京嘉实印刷有限公司
经　　销：全国新华书店
开　　本：185mm×260mm　　　印　　张：13.25　　　　　字　　数：321 千字
版　　次：2024 年 6 月第 1 版　　　　　　　　　　　　印　　次：2024 年 6 月第 1 次印刷
印　　数：1～1500
定　　价：49.80 元

产品编号：104063-01

前 言

党的二十大报告指出：教育、科技、人才是全面建设社会主义现代化国家的基础性、战略性支撑。必须坚持科技是第一生产力、人才是第一资源、创新是第一动力，深入实施科教兴国战略、人才强国战略、创新驱动发展战略，这三大战略共同服务于创新型国家的建设。高等教育与经济社会发展紧密相连，对促进就业创业、助力经济社会发展、增进人民福祉具有重要意义。

2023年2月发布的《数字中国建设整体布局规划》指出：建设数字中国是数字时代推进中国式现代化的重要引擎。数字技术、数字经济是世界科技革命和产业革命的先机，数据存储和处理是数字技术中包含的一个内容，用来存储和处理数据的数据库管理技术成为各行业所必备的技能之一。Oracle 数据库作为当前世界上最流行的关系数据库系统，具有稳定性高、可靠性好、可移植性强和平台适用性广等优点，广泛应用于银行、医疗、统计、电商等的数据存储和管理，可以为各类大、中、小型计算机环境提供高效且适应高吞吐量的数据库解决方案。因此，Oracle 数据库一般是计算机类相关专业学生需要掌握的重要技能。

本书主要面向 Oracle 数据库开发的初学者，从数据库技术相关概念出发，探讨Oracle 数据库的使用，在章节内容安排上按照先易后难的顺序，并辅以大量知识点讲解视频和操作实例，以期读者能够做到学以致用，利用数据库技术去解决实际问题。

本书共11章，主要内容包含数据库技术基础、Oracle 介绍、SQL＊Plus 环境、Oracle SQL、数据库完整性、索引与视图、用户与权限管理、PL/SQL 概述、存储过程与函数、触发器和 Java 操作 Oracle 数据库等内容，比较全面地讲解了 Oracle 数据库开发知识。

在学习过程中，建议读者亲自动手验证书中的实例，没有实验环境的推荐本书附录中介绍的在线开发工具。同时，本书有配套的在线课程资源，读者可以登录智慧树网站，搜索"大型数据库技术"，进行知识点在线学习和交流。

为便于教学，本书提供丰富的配套资源，包括教学大纲、教学课件、程序源码、习题答案和微课视频。

资源下载提示

数据文件：扫描目录上方的二维码下载。

微课视频：扫描封底的文泉云盘防盗码，再扫描书中相应章节的视频讲解二维码，可以在线学习。

本书由赵德玉、郝计奎、张龙翔、王振海编写，同时得到了临沂大学教务处和临沂大学信息科学与工程学院各位领导老师的大力支持。本书在编写过程中参阅了大量的参考书目和文献资料，在出版方面得到了清华大学出版社的帮助。在此一并表示衷心的感谢。

由于编者水平有限，书中难免有不足之处，敬请各位读者批评指正。

编　者

2024 年 5 月

目 录

资源下载

第 1 章

数据库技术基础

CHAPTER *1*

学习目标

- 了解数据库相关概念。
- 了解数据建模过程。
- 熟悉关系模型及常用的数据操作方式。

数据库技术是计算机技术中非常重要的一个分支。当今社会信息资源已成为非常重要的资源，如何更加高效地管理信息资源是摆在人们面前的重要问题，而数据库技术是专门针对数据处理的计算机技术，是信息资源管理的基础。随着计算机的普及，数据库技术变得越来越重要。本章主要讲解数据库技术基础知识、关系数据模型和数据库设计等内容。

🔑 1.1　数据库技术概述

1.1.1　数据库基本概念

1. 数据

数据是描述事物的符号记录。一个事物如果用一个符号来描述，那么该符号就是数据，数据根据其特征可以分为字符、数值、图形、声音、视频等类型。

数据在数据库中描述时称为一个记录，例如，对于一个学生可以这样描述：（0001，张三，21，信息科学与工程学院）。该描述的含义为：该学生的学号为 0001，姓名为张三，年龄为 21 岁，所在的系别为信息科学与工程学院。该描述形式就是记录。如果数据是记录格式的，那么称该数据是有结构的。

2. 数据库

数据库（DataBase，DB）是一个有结构的数据集合，该集合可以为各种用户共享，是按照一定的数据模型组织的。

3. 数据库管理系统

数据库管理系统（DataBase Management System，DBMS）是管理数据库的系统，它是一个系统软件，介于用户和操作系统之间。例如，Oracle 就属于 DBMS，它是数据系统的核心。

4. 数据库系统

数据库系统（DataBase System，DBS）是计算机引入数据库之后的系统，包括计算机的硬件、数据库、数据库管理系统、数据库应用系统和各种用户等。

5. 数据管理

数据库技术的主要任务就是数据管理，数据管理是指对数据的分类组织、编码、存储、检索和维护。它是数据处理的中心问题。

1.1.2　数据管理技术的发展

数据库技术兴起于 20 世纪 60 年代，而数据管理技术经历了人工管理、文件系统管理、数据库系统管理三个发展阶段。

1. 人工管理阶段

人工管理阶段产生于 20 世纪 50 年代中期,当时受到计算机软硬件的限制,主要的数据处理为科学计算。人工管理有如下几个特点。

(1) 数据不保存,用完后就删除。

(2) 由应用程序自己管理数据。

(3) 数据不共享。

(4) 数据和应用程序的依赖性高。

2. 文件系统管理阶段

文件系统管理阶段产生于 20 世纪 50 年代后期到 20 世纪 60 年代中期,该时期计算机的软件、硬件技术发展迅速,出现了操作系统和磁盘。文件系统管理阶段有如下几个特点。

(1) 数据可以长期保存。

(2) 数据由操作系统提供的文件系统功能来管理。

(3) 数据共享性不高。

(4) 数据和应用程序的依赖性比较高。

3. 数据库系统管理阶段

数据库系统管理阶段产生于 20 世纪 60 年代后期,由于软硬件技术的发展,硬件的性能越来越高,而价格越来越低,但软件的编制、维护费用越来越高,再者,人们对数据的使用发生了变化,要求多个用户共享同一个数据库。这些原因促使数据库技术产生。数据库系统管理阶段有如下几个特点。

(1) 数据内部结构化和整体结构化。

(2) 数据的共享性高,冗余度低,易扩充。

(3) 数据和应用程序的依赖性低。

(4) 数据由数据库管理系统统一管理和控制。

1.1.3 数据模型

模型在日常生活中比比皆是,如飞机模型、轮船模型等。数据模型是对现实世界中数据的特征进行模拟和抽象。要把现实世界中的数据用计算机来处理,就必须对数据建模。这一过程分为三个阶段:概念模型、数据模型、物理模型。

1. 概念模型

概念模型是用用户的观点对数据建模。概念模型涉及的概念如下。

1) 实体

实体是客观存在并可相互区别的事物。例如,一个苹果、一部手机等都是实体,人的一次活动也是一个实体,如学生的一次选课。

2) 属性

实体所具有的某一特征。例如,学生的特征——学号、姓名、年龄等,都是属性。

3) 键

键是能够唯一标识实体的属性或属性组合。例如,学号是学生实体的键。

4) 实体型

所有的同类实体的结构是相同的,称为实体型。

5) 联系

联系是指事物与事物之间,事物内部存在的相关联系。联系分为以下几类。

(1) 一对一(1∶1)。

一对一是两个实体集之间实体与实体的一一对应的关系。例如,班长(正职)和班级之间就属于一对一的联系,一个班长只能管理一个班级,而一个班级只能由一个班长来管理。

(2) 一对多(1∶m)。

一对多是两个实体集之间实体与实体的一个对应多个的关系。例如,班级和学生之间就属于一对多的联系,一个班级有多名学生,而一个学生只属于一个班级。

(3) 多对多(m∶n)。

多对多是两个实体集之间实体与实体的多对多的关系。例如,学生和课程之间就属于多对多的联系,一个学生可以选修多门课程,而一门课程可由多名学生选修。

2. 数据模型

数据模型是按照计算机的观点来对数据建模,根据其逻辑结构的不同可分为层次模型、网状模型、关系模型、对象关系模型、面向对象模型。

层次模型和网状模型称为非关系模型,在早期占据了主导地位。后来出现了关系模型,由于其具有掌握方便、操作简单、功能强大等特点,逐渐取代了非关系模型。目前占主导地位的为关系模型。

20 世纪 80 年代出现了面向对象的技术,逐渐出现了面向对象的数据库,很多数据库厂商都支持了面向对象技术,然而面向对象的数据库并未取代关系数据库占据主导地位。

随着大数据技术的出现,市场上逐渐出现了一些适合集群的 NoSQL 数据库。

(1) 键值数据库:Redis、Memcached、Riak。

(2) 文档数据库:MongoDB、CouchDB。

(3) 簇数据库:Cassandra、HBase。

(4) 图数据库:Neo4j。

这些数据库不支持关系模型,各有各的特点。

3. 物理模型

物理模型是数据模型在存储设备上的存储结构和存取方法,由 DBMS 实现。

1.1.4　概念模型的表示方法

概念模型的表示方法有很多,最常用的表示方法为 E-R 方法,也叫实体-联系法。

(1) 实体型用矩形框表示,矩形框内标明实体型的名称。

(2) 属性用椭圆表示,椭圆内标明属性的名称,并用直线与对应的实体相连。

(3) 联系用菱形框表示,菱形框内标明联系的名称,并用直线与相应的实体相连,最后在直线上标明联系类型。

例如,学生-课程的概念模型,用 E-R 方法表示如图 1-1 所示。

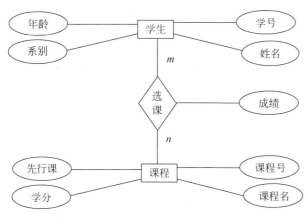

图 1-1　学生选课 E-R 图

1.1.5　数据库系统的结构

数据库系统的结构为三级模式结构。

1. 三级模式结构

1) 概念模式

概念模式是指数据库全体数据的逻辑结构特征描述。例如,属性的命名,属性数据类型、大小长度等描述。一个数据库只有一个概念模式。

2) 外模式

外模式是指数据库中局部数据的逻辑结构特征描述。外模式一般用视图来实现。应用程序是根据外模式来写的。

3) 内模式

内模式是指数据库中数据的物理结构和存储方式的描述。一个数据库只有一个内模式。

2. 二级映像

数据库的三级模式中各级模式都不相同,它们之间的转换通过二级映像来实现。

1）概念模式/内模式映像

当数据库的内模式改变时,只需要修改概念模式/内模式映像就可以保证概念模式不变。概念模式不变,则外模式就不变;外模式不变,则应用程序不变。

2）外模式/概念模式映像

当数据库的概念模式改变时,只需要修改外模式/概念模式映像就可以保证外模式不变。外模式不变,则应用程序不变。

1.2　关系数据模型

关系数据模型是当前数据库支持的主要模型,当前商用的数据库大部分都是关系数据库。

1.2.1　关系数据模型的数据结构

关系数据模型的数据结构是一张二维表,如表 1-1 所示为学生表。

表 1-1　学生表

Sno	Sname	Sage	Ssex	Sdept
001	张三	21	男	信息科学与工程学院
002	李四	22	女	信息科学与工程学院
003	王五	20	男	物流学院

1. 关系

一张二维表就是一个关系。例如,表 1-1 就是一个关系。

2. 记录

表中的一行为一条记录或元组。例如,001,张三,21,男,信息科学与工程学院。

3. 属性

表中的一列为一个属性。例如,Sno。

4. 候选键

唯一确定关系中每一个记录的属性或属性组合为候选键。例如,表 1-1 中 Sno 为候选键,如果规定姓名不允许重复,那么 Sname 也为候选键。

5. 主键

如果一个关系的候选键有多个,则选定其中一个为主键。例如,表 1-1 中选 Sno 为主键。

6．主属性与非主属性

包含在主键里的属性为主属性，不包含在主键里的属性为非主属性。

7．域

一组相同类型数据值的集合称为域。例如，整数域，性别域{男，女}等。

1.2.2　关系数据模型的数据操作

关系数据模型的主要操作是查询和更新，其中，查询是最主要的操作。关系数据模型的操作为集合操作，即一次一个集合，操作对象和操作结果都是集合，而非关系一次一个记录。

关系数据模型的数据操作语言主要有关系代数和 SQL 两种。

1.2.3　关系数据模型的完整性

关系数据模型的完整性分为实体完整性、参照完整性和用户自定义的完整性。

1．实体完整性

如果一个属性是一个关系的主属性，则此属性不能取空值。例如，表 1-1 中 Sno 为主属性，此属性不能取空值。

2．参照完整性

1）外键

一个属性或一组属性不是表 R 的主键，但它和另外一个表 S 的主键相对应，则该属性或属性组为 R 的外键。

例如，表 1-2 中的属性专业号不是表 R 的主键，但表 S 以专业号为主键，而且表 R 中专业号的取值要来自表 S 中的主键专业号，所以称专业号在表 R 中为表 S 的外键。

表 1-2　数据表 R

学　　号	姓　　名	年　　龄	专　业　号
0001	张三	21	01
0002	李四	22	01
0003	王五	20	02

2）外键键值特点

若一个关系的外键和另一个表的主键相对应，则该关系在外键上的取值如下。

(1) 取空值（外键的每个属性值均为空值）。

(2) 等于另一个关系的某个记录的主键值。

例如，按照参照完整性规则，表 1-2 外键专业号的取值为 NULL，或者表 1-3 中主键专业号的某一个值。

表 1-3 数据表 S

专 业 号	专 业 名
01	计算机科学与技术
02	软件工程
03	网络工程

3. 用户自定义的完整性

用户自定义的完整性和某一具体的应用相关。例如,成绩规定在 100 分以下,学习驾驶的年龄为 18~70 岁等。

1.2.4 关系代数语言

关系代数语言包括传统的集合运算和专门的关系运算。传统的集合运算包括并、交、差、笛卡儿积;专门的关系运算包括选择、投影、连接和除。

1. 传统的集合运算

两个关系在进行并、交、差运算时要求两个关系必须有相同的列数,对应列的数据类型相同。

1) 并

运算符号:$R \cup S$。结果是属性个数不变,记录是 R 和 S 关系中的记录之和并去掉重复的记录。

2) 交

运算符号:$R \cap S$。结果是属性个数不变,记录是 R 和 S 中共有的记录。

3) 差

运算符号:$R - S$。结果是属性个数不变,记录是 R 中去掉 R 和 S 中共有的记录后剩余的记录。

4) 笛卡儿积

运算符号:$R \times S$。笛卡儿积的结果是 R 和 S 中所有记录的串接。列是两个关系的所有列,记录个数是两个关系各自记录个数的乘积。例如,如表 1-4 所示的 student 表和如表 1-5 所示的 sc 表做笛卡儿积后的结果如表 1-6 所示。

表 1-4 student 表

sno	sname
001	张三
002	李四
003	王五

表 1-5　sc 表

sno	cno	grade
001	1	89
001	2	56
002	1	84

表 1-6　student×sc 的结果

student. sno	sname	sc. sno	cno	grade
001	张三	001	1	89
001	张三	001	2	56
001	张三	002	1	84
002	李四	001	1	89
002	李四	001	2	56
002	李四	002	1	84
003	王五	001	1	89
003	王五	001	2	56
003	王五	002	1	84

2. 关系运算

1）选择

从关系 R 中选出满足条件的记录,运算符号为 $\sigma_F(R)$。其中,R 为要选择的关系,F 为选择的条件。

例如,查询表 1-2 中年龄大于 20 的记录,表示为 $\sigma_{年龄>20}(R)$,结果如表 1-7 所示。

表 1-7　$\sigma_{年龄>20}(R)$ 结果

学　　号	姓　　名	年　　龄	专　业　号
0001	张三	21	01
0002	李四	22	01

2）投影

从关系 R 中选出相应的列,运算符号为 $\pi_A(R)$。其中,R 是所有投影的关系,A 为投影的属性列。

例如,查询表 1-2 中所有学生的学号与姓名,表示为 $\pi_{学号,姓名}(R)$,结果如图 1-8 所示。

表 1-8　$\pi_{学号,姓名}(R)$ 结果

学　　号	姓　　名
0001	张三
0002	李四
0003	王五

3）连接

连接是选取两个关系的属性列满足比较条件的串接记录。表示符号为 $R \underset{A\theta B}{*} S$，$R$ 和 S 是连接的关系，A 是来自 R 的属性，B 是来自 S 的属性，θ 是满足的条件。

例如，$\underset{Student,sno=sc,sno}{student\ *\ sc}$ 的结果如表 1-9 所示。

表 1-9　student * sc 的连接结果

Student. sno	sname	Sc. sno	cno	grade
001	张三	001	1	89
001	张三	001	2	56
002	李四	002	1	84

连接中最重要的连接为自然连接，进行自然连接时两表必须有同名列，把结果中重复的属性列去掉。自然连接表示为 $R * S$，隐含两表的同名列等值比较条件。

例如，student * sc 表如表 1-10 所示。

表 1-10　student * sc 表

Student. sno	sname	cno	grade
001	张三	1	89
001	张三	2	56
002	李四	1	84

4）除

除的表示符号为 $R \div S$。结果中，列为被除关系 R 去掉 R 和 S 中公共属性列后剩余的属性列，行是被除关系 R 中去掉公共属性列后剩余的属性的值(满足的条件是：其值在关系 R 中对应的剩余的属性值包含 S 中公共的属性值)。

设有如下的课程表，如表 1-11 所示。

表 1-11　课程表

cno	cname	ccredit
1	数据库	4
2	数据结构	4

例如，利用 sc 表和课程表，查询选了全部课程的学号，用关系代数表示为

$$\Pi_{sno,cno}(sc) \div (课程)$$

$\Pi_{sno,cno}(sc)$ 的结果如表 1-12 所示。

表 1-12　$\Pi_{sno,cno}(sc)$ 结果

sno	cno
001	1
001	2
002	1

表 1-12 和表 1-11 的公共属性为 cno。

表 1-12 中去掉公共属性 cno 剩余的属性为 sno,属性值为 001,002。

001 属性值对应的表 1-12 中去掉 sno 后剩余的属性值为(1,2)。

002 属性值对应的表 1-12 中去掉 sno 后剩余的属性值为(1)。

表 1-11 中公共属性 cno 的值为(1,2)。

观察发现,只有 001 的值包含表 1-11 中公共属性 cno 的值(1,2),所以除的结果为
001,如表 1-13 所示。

表 1-13　$\Pi_{sno,cno}(sc) \div (课程)$ 结果

sno
001

1.2.5　SQL

SQL(Structured Query Language,结构化查询语言)集数据定义、数据操纵、数据控
制于一体。

1. 数据定义语言

数据定义语言有如下命令。

(1) 表:CREATE TABLE、ALTER TABLE、DROP TABLE。

(2) 视图:CREATE VIEW、DROP VIEW。

(3) 索引:CREATE INDEX、DROP INDEX。

2. 数据操纵语言

SELECT、INSERT、UPDATE、DELETE。

3. 数据控制语言

GRANT、REVOKE 等。

具体的 SQL 相关知识将在后面详细介绍。

1.2.6　关系数据理论

前面讲了关系数据模型的数据结构、数据操作、数据的约束条件,以及操作的语言,但
是这里有一个问题:给出一个具体的应用,如何构造一个适合它的数据模式? 也就是说,
要知道该应用问题有几个关系表,每个关系表有几个属性。为了解决这个问题,1971 年,
E. F. Codd 提出了关系数据理论,下面将介绍该内容。

1. 问题提出

有关系模式:学生(学号,系别,系院长,课程号,成绩)。假设该关系模式有如下记

录,如表 1-14 所示。

表 1-14 学生表

学　　号	系　　别	系 院 长	课 程 号	成　　绩
0001	信息学院	张三	1	70
0001	信息学院	张三	2	60
0002	信息学院	张三	1	80

该关系模式在使用过程中有如下问题。

1) 数据冗余

每当一个学生选修一门课程时,该学生系别的系院长都要重复存储一次,这种现象称为数据冗余。

2) 更新异常

当某系的系院长换人时,每个学生的选课记录的系院长都必须改名,修改过程较复杂,修改的过程中还可能出现数据不一致。

3) 插入异常

如果新成立了一个院系,但该院系没有学生,此信息将无法插入学生表,也就是说,应该插入的数据未被插入。

4) 删除异常

学生毕业后,在删除学生的信息时,也会同时删除院系的信息,该院系信息以后就无法查询了,也就是说删除了不应该删除的数据。

该关系模式存在上述问题,如何解决呢? 这就是关系数据理论研究的内容。

2. 函数依赖

定义:设 $R(U)$ 是一个属性集 U 上的关系模式,X 和 Y 是 U 的子集。如果任给一个 X 属性值对应的 Y 属性值只有一个,则称"X 函数确定 Y"或"Y 函数依赖于 X",记作 $X \rightarrow Y$。

例如,表 1-14 中,系别→系院长,因为每个系的系院长只有一个。

1) 完全函数依赖与部分函数依赖

完全函数依赖:在 $R(U)$ 中,如果 $X \rightarrow Y$,并且对于 X 的任何一个真子集 X',$X' \rightarrow Y$ 都不成立,则 $X \rightarrow Y$ 是完全函数依赖。

部分函数依赖:若 $X \rightarrow Y$,对于 X 的某一个真子集 X',有 $X' \rightarrow Y$,则 $X \rightarrow Y$ 是部分函数依赖。

例如,表 1-14 中(学号,课程号)→成绩,其中,(学号,课程号)的真子集为学号,课程号,成绩不能函数依赖于学号,也不能函数依赖于课程号。所以(学号,课程号)→成绩为完全函数依赖。

2) 传递函数依赖

设关系模式 $R(U)$,X,Y,Z 为 U 的子集,如果 $X \rightarrow Y$,Y 不是 X 的子集,$Y \rightarrow Z$,Z 不是 Y 的子集,且 $Y \rightarrow X$ 不成立,则 Z 传递函数依赖于 X。

例如，表 1-14 中，学号→系别，系别→系院长，学号不能函数依赖于系别，所以学号→系院长为传递函数依赖。

3. 关系模式的规范化

规范化是用来改造关系模式的，用来解决关系模式存在的数据冗余、更新异常、插入异常、删除异常等问题。

关系数据库中每个关系都要满足一定的要求，满足不同要求的关系，表示关系属于不同的范式。

1）第 1 范式

如果关系模式 R 的每个属性都是不可再分的，则该关系模式属于第 1 范式。

例如，表 1-14 所示学生表属于第 1 范式，因为每个属性都是不可分解的。

再如，如表 1-15 所示的关系模式不属于第 1 范式，因为工资被分成了三列。

表 1-15　工资表

职工号	姓名	职　称	工　资		
			基本	绩效	工龄
124111	张三	讲师	1305	1200	50
……	……	……	……	……	……

2）第 2 范式

如果关系 R 属于第 1 范式，且每个非主属性都完全函数依赖于键，则 R 属于第 2 范式。

例如，如表 1-14 学生表所示，该表的键为（学号，课程号），非主属性为系别、系院长、成绩。（学号，课程号）→系别为部分依赖，因为，学号→系别；（学号，课程号）→系院长为部分依赖，因为，学号→系院长；（学号，课程号）→成绩为完全函数依赖。所以学生表不属于第 2 范式。

3）第 3 范式

如果关系模式 R 属于第 2 范式，且不存在非主属性对键的传递依赖，则 R 属于第 3 范式。

例如，R 表如表 1-16 所示，R 表的键为学号，非主属性为系别、系院长。R 属于第 2 范式，其中，学号→系别，系别→系院长，学号不能函数依赖于系别，所以学号→系院长为传递函数依赖。存在非主属性系院长对键学号的传递依赖，所以 R 不属于第 3 范式。

表 1-16　R 表

学　号	系　别	系　院　长
0001	信息学院	张三
0002	信息学院	张三

1.3　数据库设计

针对一个具体的应用问题，如何设计符合该应用问题的数据库模式，在此基础上建立应用系统，并能高效地管理数据，这是数据库设计的问题。

数据库设计一般采用规范化的设计方法，主要分为需求分析、概念结构设计、逻辑结构设计、物理结构设计、数据库实施和数据库的运行与维护。

1.3.1　需求分析

需求分析就是分析用户的需求，然后用某种工具表达用户的需求。

1. 需求分析的任务

（1）信息要求：分析该系统存储和处理哪些数据。

（2）处理要求：指对系统进行哪些处理功能。

（3）安全性与完整性要求：指用户对数据有哪些安全性要求，哪些约束条件。

2. 需求分析的表达

表达需求分析，一般采用数据流程图和数据字典。

数据流程图如图 1-2 所示。

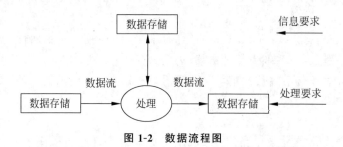

图 1-2　数据流程图

数据字典是对数据流程图中所有的元素进行一个详细的描述。数据字典主要由数据项、数据结构、数据流、数据存储、数据处理组成。

（1）数据项是最基本的不可再分解的数据单位。例如，关系中的每个属性都是数据项。

（2）数据结构是数据项之间的组合关系。

（3）数据流是数据在系统中的走向。

（4）数据存储是数据存储的位置。

（5）数据处理是对数据处理的描述。

1.3.2　概念结构设计

将需求分析得到的结果抽象为独立于具体 DBMS 的信息结构的概念模型的过程就是概念结构设计。

1. 概念结构设计

概念结构设计采用 E-R 图,根据需求分析的结果划分实体与属性。属性是数据项,不能具有再分解的性质,且不能与其他实体有联系。

2. 概念结构设计方法

首先设计局部的 E-R 图,然后进行 E-R 图的合并,合并时要处理好属性冲突、命名冲突、结构冲突。最后消除冗余,合并后消除 E-R 图中一些冗余的数据和联系。

1.3.3　逻辑结构设计

将概念模型 E-R 模型转换成特定的 DBMS 系统所支持的数据模型。当前,关系模型占主导地位,也就是把 E-R 模型转换成关系数据模型。

1. 逻辑结构设计的步骤

(1) 将概念模型转换为关系模型。
(2) 将关系模型向特定的 DBMS 支持的数据模型转换。
(3) 对关系数据模型进行优化。

2. E-R 模型向关系模型的转换

1) 1∶1 联系向关系模型的转换

1∶1 联系可以转换为一个独立的关系模式,属性是联系各端实体的主键,加上联系本身的属性,主键是任意一端实体的主键属性;也可以和任意一端的实体合并,主键是合并端实体的主键属性。

2) 1∶m 联系向关系模型的转换

1∶m 联系可以转换为一个独立的关系模式,属性是联系各端实体的主键,加上联系本身的属性,主键是 m 端实体的主键属性;也可以和 m 端的实体合并,主键是 m 端实体的主键属性。

3) $m∶n$ 联系向关系模型的转换

$m∶n$ 联系转换为一个独立的关系模式,属性是联系各端实体的主键,加上联系本身的属性,主键是任意各端实体的主键属性组合。

1.3.4　物理结构设计

为一个给定的逻辑数据模型选取一个最适合应用环境的物理结构的过程,就是数据库的物理结构设计。物理结构设计主要是存储结构和存取方法的选择。此阶段和具体DBMS 有关,用户参与较少。

1.3.5　数据库实施

数据库实施主要是指创建数据库、数据装载、编写与调试应用程序和进行试运行。

1. 创建数据库

创建数据库主要是选择相应的关系数据库(如 Oracle 或 SQL Server 等),确定初始空间大小、数据库增量大小。

2. 数据装载

数据装载主要指筛选数据、转换数据格式、输入数据、校验数据。

3. 编写与调试应用程序

数据装载完毕后要选择相应的开发工具(如 Java 等)进行应用程序的开发。

4. 试运行

在实际的运行环境中运行数据库。

1.3.6　数据库的运行与维护

数据库试运行后是正式的运行,数据库运行期间进行维护的主要任务如下。
(1) 对数据库的安全性与完整性进行维护。
(2) 对数据库的性能进行监测,并进行改善。
(3) 必要时对数据库进行重构与重新组织。

习题

1. 数据模型分为哪几种? 每种模型的特点是什么?
2. 描述关系代数中的几种关系运算。
3. 简述数据库设计的主要步骤及其主要工作。

第 2 章

Oracle介绍

学习目标
- 了解 Oracle 数据库的体系结构。
- 了解 Oracle 数据库应用系统结构。
- 掌握 Oracle 的安装。

Oracle 数据库是目前世界上使用最为广泛的 DBMS 之一,它的数据库管理功能强大,也是一个完备的关系数据库,实现了分布式处理功能。本章主要讲解 Oracle 数据库的发展过程、Oracle 数据库的体系结构、Oracle 数据库的应用系统结构和 Oracle 数据库的安装。

🔑 2.1　Oracle 数据库简介

Oracle 公司于 1977 年创立,其中文名字是甲骨文公司,全称为甲骨文股份有限公司(甲骨文软件系统有限公司),是全球最大的企业级软件公司,总部位于美国加利福尼亚州的红木滩,1989 年正式进入中国市场。2013 年,甲骨文已超越 IBM,成为继 Microsoft 后全球第二大软件公司。

Oracle 数据库是 Oracle 公司最畅销的数据库产品,是全球应用最广泛的关系数据库软件。Oracle 数据库版本变化如表 2-1 所示。

表 2-1　Oracle 数据库版本变化

版本号	发布时间	主　要　特　点
Oracle 1.0	1977 年	原型系统,未向用户发布
Oracle 2.0	1979 年	面向用户发布的第一个 Oracle 系统,支持多种平台,包括 DEC VAX 和 IBM PC
Oracle 3.0	1983 年	完全用 C 语言编写,引入 SQL
Oracle 4.0	1984 年	加入读一致性
Oracle 5.0	1985 年	从本版本开始支持客户端/服务器架构
Oracle 6.0	1988 年	引入底层锁,加入了 PL/SQL 和热备份功能
Oracle 7.0	1992 年	对体系结构做了较大改动,引入了 SQL * DBA 工具
Oracle 8i	1998 年	引入对象扩展特性,增加了多个管理工具
Oracle 9i	2001 年	引入实时应用集群(Real Application Cluster,RAC)和集群文件系统(Cluster File System)等特性
Oracle 10g	2003 年	引入网格计算(Grid Computing)和自动数据库诊断(ADDM)等功能
Oracle 11g	2007 年	引入了自动 SQL 调整(SQL Tuning Advisor)和自动存储管理(ASM)
Oracle 12c	2013 年	支持云计算技术,引入了多租户架构(Multi-tenancy Architecture)和数据库资源管理器(Database Resource Manager)
Oracle 18c	2018 年	引入自动化数据仓库功能
Oracle 19c	2019 年	强调云数据库发展,增加了对机器学习的支持
Oracle 21c	2021 年	增加区块链表(Blockchain Table)功能
Oracle 23c	2023 年	当前有免费版可以试用,未发布正式版

🔑 2.2　Oracle 数据库体系结构

Oracle 服务器为用户提供了一个开放的、全面的、完整的信息管理平台,Oracle 服务器由 Oracle 实例和 Oracle 数据库两部分组成,数据库体系结构如图 2-1 所示。

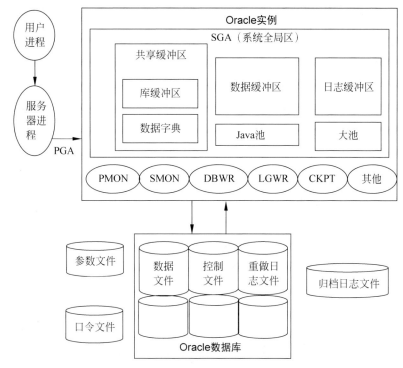

图 2-1　Oracle 数据库体系结构

2.2.1　Oracle 实例

Oracle 数据库的实例是指在计算机系统中运行的一组进程,这些进程负责管理数据库的运行和操作。实例包括后台进程和 SGA(System Global Area,系统全局区)内存结构。后台进程负责监控数据库的状态、管理内存和磁盘空间、处理死锁等问题;SGA 是用于存储数据库信息的内存区,该信息为数据库进程所共享。实例一次只能打开和使用一个数据库。

1．系统全局区

SGA 是一块内存区域,它包含 Oracle 服务器的数据和控制信息。它是在 Oracle 服务器所驻留的计算机的虚拟内存中得以分配。SGA 由以下几种内存结构组成。

(1)共享池:用于存储最近执行的 SQL 语句和最近使用的数据字典数据。这些 SQL 语句可以是用户进程提交的,也可以是从数据字典读取的(在存储过程的情况中)。

(2)数据库缓冲区:高速缓存用于存储最近使用的数据。这些数据从数据文件读取,或者写入数据文件。

(3)重做日志缓冲区:用于跟踪服务器和后台进程对数据库所做的更改。

在 SGA 中还有以下两种可选的内存结构。

(1)Java 池:用于存储 Java 代码。

(2) 大型共享池:用于存储并不与 SQL 语句处理直接相关的大型内存结构。例如,在备份和复原操作过程中复制的数据块。

2. 后台进程

实例中的后台进程执行用于处理并行用户请求所需的通用功能,而不会损害系统的完整性和性能。它们把为每个用户运行的多个 Oracle 程序所处理的功能统一起来。后台进程执行 I/O 并监控其他 Oracle 进程以增加并行性,从而使性能和可靠性更加优越。

根据配置情况,Oracle 实例可以包括多个后台进程,但是每个实例都包括下面 5 个必需的后台进程。

(1) 数据库写入程序(DBW0):负责将更改的数据从数据库缓冲区高速缓存写入数据文件。

(2) 日志写入程序(LGWR):将重做日志缓冲区中注册的更改写入重做日志文件。

(3) 系统监控程序(SMON):检查数据库的一致性,如有必要还会在数据库打开时启动数据库的恢复。

(4) 过程监视器(PMON):负责在一个 Oracle 进程失败时清理资源。

(5) 检查点进程(CKPT):负责在每当缓冲区高速缓存中的更改永久地记录在数据库中时,更新控制文件和数据文件中的数据库状态信息。

2.2.2　Oracle 数据库

Oracle 数据库可以分为物理结构和逻辑结构。

1. 物理结构

数据库物理结构指存储数据的物理文件集合,包括数据文件、重做日志文件和控制文件。

1) 数据文件

数据文件包含数据库中的实际数据。数据包含在用户定义的表中,而且数据文件还包含数据词典、数据修改以前的映像索引和其他类型的结构。

一个数据库中至少包含一个数据文件。数据文件具有以下特性。

(1) 一个数据文件只能被一个数据库使用。

(2) 当数据库空间不足时,数据文件具有自动扩展的特性。

(3) 一个或者多个数据文件构成数据库的逻辑存储单元叫作表空间。

2) 重做日志文件

重做日志文件包含对数据库的修改记录,可以在数据失败后恢复。一个数据需要至少两个重做日志文件。

3) 控制文件

控制文件包含维护和检验数据库一致性的信息。例如,控制文件用来检验数据文件和重做日志文件。一个数据库需要至少一个控制文件。

2. 逻辑结构

逻辑结构包含表空间、段、区、块 4 个层次。

1）表空间

表空间（Tablespace）是数据库中的逻辑存储单位，用于管理和组织数据。每个表空间包含一个或多个数据文件，表空间中的表和索引等数据库对象存储在数据文件中。表空间可以根据需求进行创建、扩展和调整，以满足数据库的存储需求。

2）段

段（Segment）是逻辑存储单位，是表空间中的子集，用于存储数据库对象。每个表、索引等数据库对象都分配了一个或多个段来存储数据。段可以是数据段、索引段、临时段等，根据其存储的数据类型和使用情况而定。

3）区

区（Extent）是段的子集，是数据的最小单位。每个段由一个或多个区组成，每个区的大小是固定的。当一个段需要存储更多的数据时，会动态地分配新的区来扩展段的大小。

4）块

块（Block）是存储数据的最小单位，是操作系统中文件系统的块大小。每个块包含一定数量的数据记录，以及一些管理信息和控制信息。块的大小可以根据数据库的需求进行配置，通常为 4KB 或 8KB。

2.2.3　Oracle 内存结构

Oracle 内存结构包括系统全局区（SGA）和进程全局区（Process Global Area，PGA）两部分。系统全局区在启动实例时分配，进程全局区在 Server 进程建立时分配。系统全局区在前面已介绍，本节只介绍进程全局区。

进程全局区（PGA）是一个内存区域，它包含单个服务器进程或单个后台进程的数据和控制信息。其为每个连接到数据库的用户进程保留内存空间，在一个进程创建时分配，在一个进程终止时释放，只能由一个进程使用。进程全局区主要包含排序区、会话信息等内容，其中，排序区用于处理 SQL 语句时可能需要的任何排序，会话信息包括用于会话的用户权限和优化统计信息。

2.2.4　连接到 Oracle Server

1. 用于连接例程的进程

用户在给 Oracle 提交 SQL 语句之前，必须同实例连接起来。

用户启动 SQL＊Plus 之类的工具，或者运行使用 Oracle Forms 之类的工具开发的应用程序，这个应用程序或者工具就在用户进程中执行。

在最基本的配置中，当用户登录到 Oracle 服务器时，运行 Oracle 服务器的计算机上就会创建一个进程。这个进程称为服务器进程。服务器进程代表在客户机上运行的用户进程与 Oracle 实时通信。服务器进程代表用户执行 SQL 语句。

2. 连接

连接是用户进程和 Oracle 服务器之间的通信路径。数据库用户可以用下面三种方式之一连接到 Oracle 服务器。

用户登录到运行 Oracle 实例的操作系统上，然后启动访问该系统中的数据库的应用程序或工具。通信路径是使用主机操作系统上的交互进程通信机制建立的。

用户在本地计算机上启动应用程序或工具，然后通过网络连接到运行 Oracle 实例的计算机。在这项称为客户机/服务器的配置中，网络软件用于用户和 Oracle 服务器之间进行的通信。

在三层连接中，用户计算机通过网络与应用程序或网络服务器进行通信，而该应用程序或网络服务器又通过网络与运行 Oracle 实例的计算机连接。例如，用户在网络计算机上运行浏览器来使用位于 NT 服务器上的应用程序，这个 NT 服务器从在 UNIX 主机上运行的 Oracle 数据库中检索数据。

3. 会话

会话是用户与 Oracle 服务器的一种特定连接。当用户由 Oracle 服务器验证时会话开始，当用户退出或出现异常终止时会话结束。对某个具体的数据库用户来说，如果他从很多工具、应用程序或者终端同时登录，则可能有很多并发会话。除了一些专用数据库管理工具以外，启动数据库会话还要求 Oracle 服务器可供使用。

2.3　Oracle 应用系统结构

目前，市场上各行各业与信息分析和处理相关的应用系统都离不开数据库系统的支持，很多大型应用系统的数据平台都选用 Oracle 数据库系统，以 Oracle 数据库作为数据库平台层的应用系统的结构有如下几种。

1. 单层结构

自 Oracle 数据库诞生以来，单层结构就一直存在，这一体系结构被用于许多大型计算机应用领域，如飞机订票系统等。

单层结构的特点是使用基于字符的非图形终端设备直接串行地连接到 Oracle 数据库，所有的处理都在安装了数据库服务器的大型计算机上进行。单层结构的配置和管理较方便，不存在网络协议问题，也不存在操作系统的复杂性问题。单层结构在可缩放性和灵活性方面有些受限制，大型计算机的性能决定了整个系统的性能。

2．客户机/服务器结构

客户机/服务器结构也称为双层结构，这种结构是由于 PC 的出现而流行起来的。客户机具有图形用户界面，易于学习和操作，并可以进行数据处理，从而减轻了对服务器的需求。

3．三层结构

三层结构是双层结构之后发展起来的一种结构。其在客户机和数据库服务器之间引进了中间件，如应用服务器或 Web 服务器。

三层结构把表示层、业务逻辑和数据库处理等任务分别放在瘦客户机、应用服务器、数据库服务器等多台计算机上，能适应大规模、较复杂的系统，具有可伸缩性。三层结构的客户端/浏览器给用户提供了一个一致的表示界面，其操作方式是一致的，可以减少对用户的培训。应用软件只需要安装在服务器端，而不需要安装在客户端。

4．分布式数据库系统结构

分布式数据库在逻辑上是一个统一的整体，在物理上则分别存储在不同的物理节点上。一个应用程序通过网络的连接访问分布在不同地理位置的数据库，其分布性表现在数据库中的数据不存储在同一场地。更确切地讲，数据不存储在同一计算机的存储设备上，这就是与集中式数据库的区别。从用户的角度看，一个分布式数据库系统在逻辑上和集中式数据库系统一样，用户可以在任何一个场地执行全局应用。就好像那些数据是存储在同一台计算机上并由单个数据库管理系统管理一样，用户并没有感觉到有什么不同。

2.4　Oracle 数据库安装及相关服务

本节以 Oracle 11g 数据库的安装为例，介绍 Oracle 数据库在 Windows 操作系统中安装和启动的方法。

2.4.1　Oracle 数据库安装

1．安装包

打开 Oracle 11 的安装文件夹，如图 2-2 所示。解压 win64_11gR2_database_1of2 和 win64_11gR2_database_2of2，并把解压 win64_11gR2_database_2of2 的内容覆盖到 win64_11gR2_database_1of2 的文件夹中。打开解压后的文件夹，如图 2-3 所示，双击 setup 程序，等待片刻后出现如图 2-4 所示的启动页面。

图 2-2　Oracle 安装文件

名称	修改日期	类型	大小
doc	2010/3/24 0:15	文件夹	
install	2010/3/30 8:05	文件夹	
response	2010/3/30 9:31	文件夹	
stage	2010/3/30 9:31	文件夹	
setup	2010/3/12 1:11	应用程序	334 KB
welcome	2010/3/16 13:42	360 se HTML Do...	6 KB

图 2-3　安装文件夹

图 2-4　启动页面

2. 安装选项

等待之后会出现如图 2-5 所示的安全更新页面,可以根据需求选择不同选项。本次安装取消选择"我希望通过 My Oracle Support 接收安全更新"复选框,单击"下一步"按钮后出现如图 2-6 所示的"选择安装选项"页面,在该页面中选择"创建和配置数据库"单选按钮后进入后续安装。

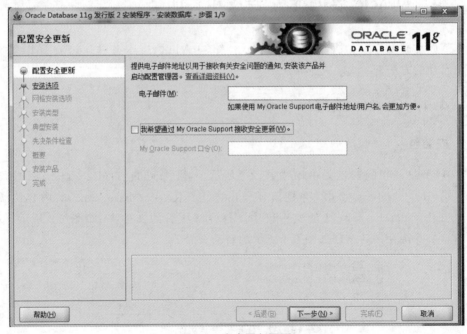

图 2-5　安全更新页面

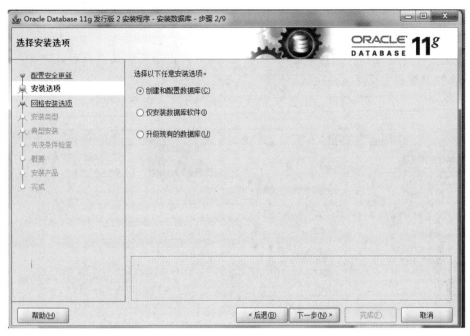

图 2-6　安装选项页面

3. 安装类型

安装类型页面如图 2-7 所示，包含"桌面类"和"服务器类"两种类型。如果单纯学习
Oracle 数据库，选择"桌面类"单选按钮即可。

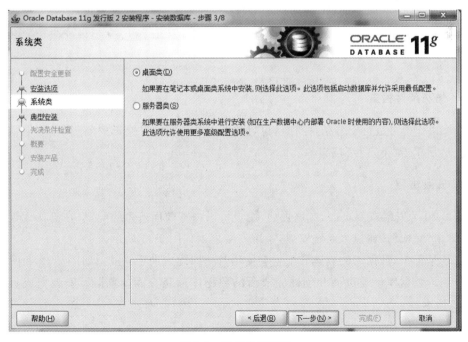

图 2-7　安装类型页面

4．安装配置

如图 2-8 所示为参数配置页面，在该页面，用户可以选择默认或自行设置 Oracle 基目录、软件位置和数据库文件位置。同时，需要设置全局数据库的口令，要注意口令的格式至少要包含一个小写字母、一个数字和一个大写字母，否则会出现警告。

图 2-8　参数配置页面

5．先决条件检查

在图 2-9 中可进行安装条件检查，也可忽略。如忽略，把"全部忽略"复选框取消选中即可。然后单击"下一步"按钮。

6．安装进程

图 2-10 为安装概要页面，在该页面，用户可以浏览前面所做的配置，在确认无误的情况下，单击"完成"按钮进入系统安装，系统安装进度如图 2-11 所示。

安装过程中，数据库的创建和配置会使用数据库配置助手完成。如图 2-12 和图 2-13 所示分别为数据库创建页面和创建完成后的数据库信息页面。数据库安装完成页面如图 2-14 所示。

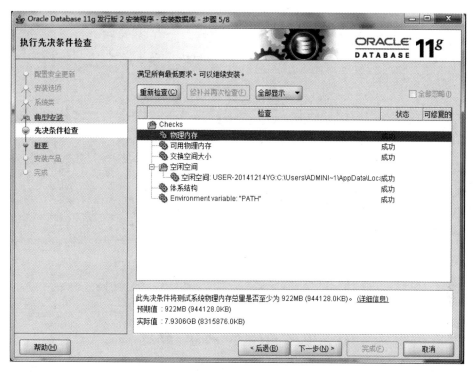

图 2-9　先决条件检查页面

图 2-10　安装概要页面

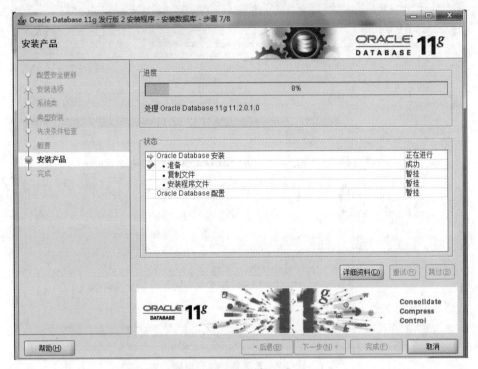

图 2-11　安装进度页面

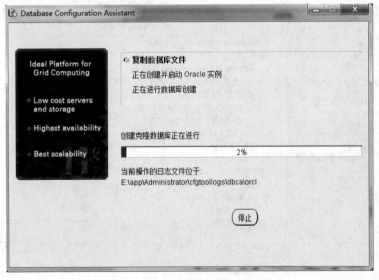

图 2-12　数据库创建页面

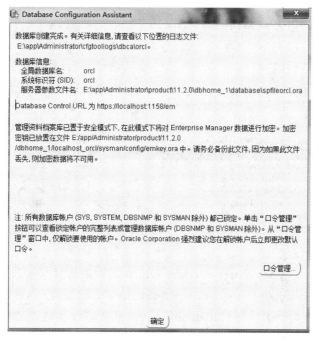

图 2-13　数据库信息页面

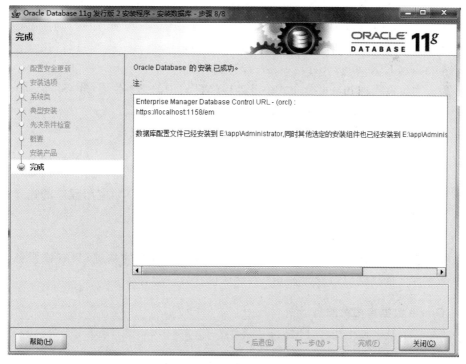

图 2-14　安装完成页面

2.4.2　Oracle 数据库相关服务

1. Oracle 服务

Oracle 安装完成后的服务如图 2-15 所示。右击"计算机"→"管理"→"服务"可查看
Oracle 的服务。

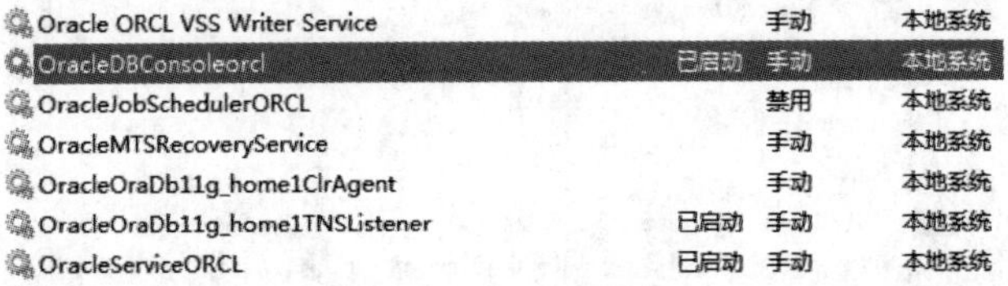

Oracle ORCL VSS Writer Service		手动	本地系统
OracleDBConsoleorcl	已启动	手动	本地系统
OracleJobSchedulerORCL		禁用	本地系统
OracleMTSRecoveryService		手动	本地系统
OracleOraDb11g_home1ClrAgent		手动	本地系统
OracleOraDb11g_home1TNSListener	已启动	手动	本地系统
OracleServiceORCL	已启动	手动	本地系统

图 2-15　Oracle 服务

1）Oracle ORCL VSS Writer Service：Oracle 卷映射拷贝写入服务

VSS（Volume Shadow Copy Service）能够让存储基础设备（如磁盘、阵列等）创建高
保真的时间点映像，即映射拷贝（Shadow Copy）。它可以在多卷或者单个卷上创建映射
拷贝，不会影响系统的性能（非必须启动）。

2）OracleDBConsoleorcl：Oracle 数据库控制台服务

orcl 是 Oracle 默认的例程，运行 Enterprise Manager 11g 时需要启动此服务。

3）OracleJobSchedulerORCL：Oracle 作业调度（定时器）服务

ORCL 是 Oracle 实例标识（非必须启动）。

4）OracleMTSRecoveryService：服务端控制

该服务为负责管理 oracle 分布式事务处理（MTS）中的事务恢复（非必须启动）。

5）OracleOraDb11g_home1ClrAgent

这是 Oracle 数据库. NET 扩展服务的一部分（非必须启动）。

6）OracleOraDb11g_home1TNSListener：监听服务

该服务只有在数据库远程访问时才需要，被默认设置为自动启动。

该服务启动数据库服务器的监听器，监听器接收来自客户端应用程序的连接请求。
若监听器未启动，则客户端将无法连接到数据库服务器。

7）OracleServiceORCL：数据库服务

数据库服务是 Oracle 核心服务。该服务是数据库启动的基础，只有该服务启动，
Oracle 数据库才能正常启动。此服务未被默认设置为自动启动。

2. Oracle 数据库相关服务

1）Oracle 的服务启动

Oracle 主要启动三项服务：OracleDBConsoleorcl、OracleOraDb11g_home1TNSListener
和 OracleServiceORCL。

启动方法：选中一项服务，右击选择"启动"即可。

2）Oracle 控制台登录

单击"开始"→"程序"→Oracle-OraClient11g_home1→Database Control-orcl 启动控制台，如图 2-16 所示。在图 2-17 中输入用户名 SYS 和自己设置的口令，连接身份 SYSDBA，单击"登录"按钮，出现如图 2-18 所示的界面。

图 2-16　Oracle Web 界面启动

图 2-17　Oracle Web 登录界面

3．启动 SQL ＊ Plus

1）使用菜单命令登录 SQL ＊ Plus

（1）单击"开始"→"程序"→Oracle-Db11g_home1→"应用程序开发"→SQL Plus。

（2）输入正确的用户名和密码，按 Enter 键后即可登录到 SQL ＊ Plus。

（3）退出 SQL ＊ Plus：输入"EXIT"命令退出 SQL ＊ Plus。

2）用命令方式登录 SQL ＊ Plus

（1）在 Windows 命令提示符下输入"SQLPLUS SYS/密码 as sysdba"，按 Enter 键后

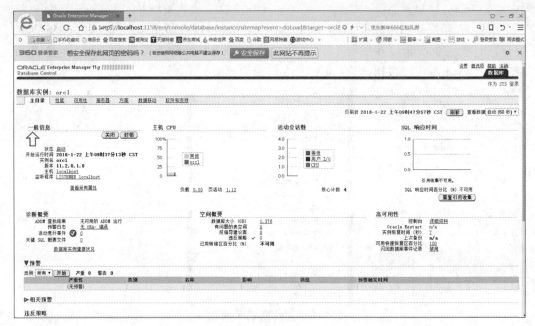

图 2-18　Oracle Web 界面

即以 SYS 用户登录到 SQL＊Plus。

（2）登录成功后输入"SHOW USER"查看当前用户名。

习题

1. 什么是 Oracle 的实例？

2. Oracle 数据库结构如何划分？具体指哪些内容？

3. PGA 是什么？

4. Oracle 应用系统结构有几种？

第 3 章

SQL*Plus环境

CHAPTER 3

学习目标

- 了解 SQL * Plus 环境设置。
- 掌握常用的 SQL * Plus 命令。
- 熟悉 SCOTT 用户下的表。

SQL 是数据库查询语言。Oracle 提供了一个被称为 SQL＊Plus 的工具，这是一个
SQL 的使用环境。利用此工具，既可以执行标准的 SQL 语句和特定的 Oracle 数据库管理
命令，也可以编写应用程序模块。SQL＊Plus 是数据库管理员和开发人员最常使用的工具。

视频讲解

3.1　SQL＊Plus 命令和环境设置

视频讲解

3.1.1　SQL＊Plus 命令

在登录和使用 SQL＊Plus 的同时，要以数据库用户的身份连接某个数据库实例。在
Oracle 数据库创建过程中，选择通用目的安装，会创建一个用于测试和练习目的的账
户——SCOTT。其中保存了一些数据库的实例，主要的两个表是雇员表 EMP 和部门表
DEPT，通过登录 SCOTT 账户就可以访问这些表。

SCOTT 账户的默认口令是 TIGER。

假定 Oracle 数据已经安装在局域网的一台基于 Windows 操作系统的服务器上，服
务器的名称为 ORACLE，数据库实例的名称为 ORCL。管理客户端和开发工具安装在其
他基于 Windows 操作系统的客户机上，并且该机器通过网络能够访问到 Oracle 数据库
服务器。这时，就可以使用管理客户端中的 SQL＊Plus 工具进行登录了。登录前一般要
由管理员使用 Oracle 的网络配置工具创建一个网络服务名，作为客户端连接名。为了方
便记忆，连接名可以与数据库实例名相同。假定创建的网络连接服务名为 ORCL。

Oracle 数据库的很多对象都是属于某个模式的，模式对应于某个账户，如 SCOTT 模
式对应的 SCOTT 账户。我们往往不对模式和账户进行区分。数据库的表是模式对象中
的一种，是最常见和最基本的数据库模式对象。一般情况下，如果没有特殊的授权，用户
只能访问和操作属于自己的模式对象。比如以 SCOTT 账户登录时，只能访问属于
SCOTT 模式的表。因此，以不同的用户身份连接，可以访问属于不同用户模式的表。

在 SQL＊Plus 中，可使用 CONNECT 命令连接或者切换到指定的数据库，使用
DISCONNECT 命令断开与数据库的连接。

1. CONN[ECT]命令

本命令的功能是先断开当前连接，然后建立新的连接。

语法格式：

```
CONN[ECT][USERNAME]/[PASSWORD][@CONNECT_IDENTIFIER]
```

例：

```
SQL > CONN SCOTT/TIGER@orcl;
```

如果要以特权用户的身份连接，则必须带 AS SYSTEM 或 AS SYSOPER 选项。

例：

```
SQL > CONN SYS/SYS_PSW@orcl AS SYSDBA;
```

2. DISC[ONNECT]命令

本命令的功能是断开与数据库的连接,但不退出 SQL ∗ Plus 环境。
例:

```
SQL > DISC;
```

3. EXIT 或 QUIT 命令

退出 SQL ∗ Plus 环境,需使用 EXIT 或者 QUIT 命令。
例:

```
SQL > EXIT
```

3.1.2　环境设置命令

在 SQL ∗ Plus 中,利用环境参数可以控制 SQL ∗ Plus 的输出格式。SQL ∗ Plus 的环境参数一般由系统自动设置,用户可以根据需要将环境参数设置成自己所需要的值。系统提供了两种参数的方式: 第 1 种是使用对话框,第 2 种是使用 SET 命令。

1. 对话框方式

在 SQL ∗ Plus 的环境下,选择菜单栏中的"选项"→"环境"命令,可得到如图 3-1 所示的"设置"环境对话框。

图 3-1　SQL ∗ Plus 环境设置

在"设定选项"列表框中列出了几十个环境参数,任选一项后,若"值"区域变为可用,表示可以进行设置。设置完成后,单击"确定"按钮即可完成该参数的设置。

2. 命令方式

SET 命令可以改变 SQL ∗ Plus 环境的值。
SET 命令格式如下。

SET <选项><值或开关的状态>

其中，<选项>指环境参数的名称；<值或开关的状态>指参数可以被设置成 ON 或 OFF，也可以被设置成某个具体的值。

系统提供了几十个环境参数，使用 SHOW 命令可以显示 SQL * Plus 环境参数的值。SHOW 命令格式 1：

```
SQL > SHOW ALL
```

功能：显示所有参数的当前设置。
SHOW 命令格式 2：

```
SQL <参数>
```

功能：显示指定参数的当前设置。

3．常用的主要参数

1) LINESIZE 和 PAGESIZE

通常需要对输出的显示环境进行设置，这样可以达到更理想的输出效果。显示输出结果是分页的，默认的页面大小是 14 行×80 列。以下的训练是设置输出页面的大小，用户可以比较设置前后的输出效果。

【例 3-1】 设置输出页面的大小。

步骤 1，输入并执行以下命令，观察显示结果：

```
SELECT * FROM emp;
```

步骤 2，在输入区输入并执行以下命令：

```
SET PAGESIZE 100
SET LINESIZE 120
```

或

```
SET PAGESIZE 100 LINESIZE 120
```

步骤 3，重新输入并执行以下命令，观察显示结果：

```
SELECT * FROM emp;
```

说明：命令 SET PAGESIZE 100 将页高设置为 100 行，命令 SET LINESIZE 120 将页宽设置为 120 个字符。通过页面的重新设置，消除了显示的折行现象。SELECT 语句用来对数据库的表进行查询，这将在后面介绍。

2) AUTOCOMMIT

该变量用于设置是否自动提交 DML 语句，当设置为 ON 时，用户执行 DML 操作时都会自动提交。

【例 3-2】 显示或设置当前系统是否自动提交 DML 命令。

```
SQL > SHOW AUTOCOMMIT
AUTOCOMMIT OFF
```

```
SQL > SET AUTOCOMMIT ON
```

3.1.3　常用的 SQL * Plus 命令

视频讲解

1. SHOW 命令

如果用户忘了自己是以什么用户身份连接的,可以用以下的命令显示当前用户。

【例 3-3】　显示当前用户。

输入并执行以下命令:

```
SHOW USER
```

执行结果是:

```
USER 为"SCOTT"
```

说明:显示的当前用户为 SCOTT,即用户是以 SCOTT 账户登录的。

注意:使用 SELECT USER FROM dual 命令也可以取得用户名。

2. SPOOL 命令

语法格式:

```
SPOOL spool_file_name
```

假脱机(SPOOLING)是将信息写到磁盘文件的一个过程。在假脱机文件名中可以包含一个路径,该路径是存储假脱机文件的磁盘驱动器和目录的名称。如果不包含路径,则假脱机文件将存储在 ORACLE_HOME 目录下面的 bin 子目录中。

通过适当的设置,可以把操作内容或结果记录到文本文件中。

【例 3-4】　使用 SPOOL 命令记录操作内容。

步骤 1,执行以下命令:

```
SPOOL C:\TEST
```

步骤 2,执行以下命令:

```
SELECT * FROM emp;
```

步骤 3,执行以下命令:

```
SELECT * FROM dept;
```

步骤 4,执行以下命令:

```
SPOOL OFF
```

3. DESCRIBE 命令

Oracle 中的 DESCRIBE 命令有两个功能:一个功能是列出表的结构,另一个功能是列出有关函数、过程及包的信息。

【例 3-5】 列出 emp 的表结构。

```
SQL > DESC emp;
```

4. LIST 命令

LIST 命令用于列出当前缓冲区的内容。

【例 3-6】 在当前提示符下输入如下命令。

```
SELECT EMPNO, ENAME, JOB, SAL
FROM EMP;
```

然后输入 LIST，查看屏幕显示的信息。

5. RUN 命令

RUN 命令直接执行当前缓冲区内的命令。

【例 3-7】 在当前提示符下输入 RUN，会直接运行当前缓冲区的命令。

6. EDIT 命令

在 SQL * Plus 中运行操作系统默认的文本编辑程序（EDIT），命令形式为

```
EDIT 路径\文件名.
```

EDIT 将缓冲区中的内容装入系统默认的文本编辑器，然后用文本编辑器的命令编辑文本。完成后保存编辑的文本，然后退出。该文本保存到当前的缓冲区。

【例 3-8】 EDIT D:\ET. TXT。

ET. TXT 文件内输入"SELECT * FROM DEPT;"，然后保存并关闭该文件。再运行 RUN 命令，查看执行的命令是否是 ET. TXT 文件中的命令。

7. 运行命令文件

运行编辑好的命令文件可用命令 START 文件名或者@文件名。

【例 3-9】 START D:\ET. TXT 或@D:\ET. TXT。

视频讲解

3.1.4　SQL * Plus 环境设置的使用

在 SQL * Plus 环境下，命令可以在一行或多行输入，命令是不区分大小写的。SQL 命令一般以";"结尾。

可以在输入内容中书写注释，或将原有内容变为注释。注释的内容在执行时将被忽略。

在一行的开头处书写 REM，可将一行注释掉。

在一行中插入"--"，可将其后的内容注释掉。

使用/ * … * /，可以注释任何一段的内容。

【例 3-10】　使用注释。

在输入区输入以下内容,按 F5 键执行。

```
REM 本句是注释语句
-- SELECT * FROM emp; 该句也被注释
```

执行后没有产生任何输出。

说明:REM 和"--"产生注释作用,语句不执行,所以没有输出,注释后的内容将变成红色显示。

如果需要,可以分别将输入区或输出区的内容以文本文件的形式存盘,供以后查看或重新使用。

3.2　SCOTT 用户表

视频讲解

3.2.1　表的结构

SCOTT 账户拥有若干个表,其中主要有一个 EMP 表,用于存储公司雇员的信息,还有一个 DEPT 表,用于存储公司的部门信息。表是用来存储二维信息的,由行和列组成。行一般称为表的记录,列称为表的字段。要了解一个表的结构,就要知道表由哪些字段组成,各字段是什么数据类型,有什么属性。要看表的内容,就要通过查询显示表的记录。

Oracle 常用的表字段数据类型有以下几种。

CHAR:固定长度的字符串,没有存储字符的位置,用空格填充。

VARCHAR2:可变长度的字符串,自动去掉前后的空格。

NUMBER(M,N):数字型,M 是位数总长度,N 是小数的长度。

DATE:日期类型,包括日期和时间在内。

BOOLEAN:布尔型,即逻辑型。

可以使用 DESCRIBE 命令(DESCRIBE 可简写成 DESC)来检查表的结构信息。

1. 雇员表 EMP 的结构

输入并执行以下命令(EMP 为要显示结构的表名):

```
DESCRIBE EMP;
```

EMP 表结构如图 3-2 所示。

说明:以上字段用到了数值型、字符型和日期型三种数据类型,它们都是常用的数据类型。

列表显示了字段名,字段是否为空,字段的数据类型和宽度。在"是否为空"域中的"NOT NULL"代表该字段的内容不能为空,即在插入新记录时必须填写;否则代表可以为空。括号中的数字表示字段的宽度。日期型数据是固定宽度,无须指明。该表共有 8 个字段,或者说有 8 列,各字段的名称和含义解释如下。

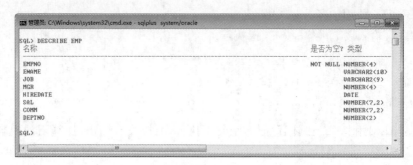

图 3-2　EMP 表结构

EMPNO 是雇员编号,数值型,长度为 4B,不能为空。

ENAME 是雇员姓名,字符型,长度为 10B,可以为空。

JOB 是雇员职务,字符型,长度为 9B,可以为空。

MGR 是雇员经理的编号,数值型,长度为 4B,可以为空。

HIREDATE 是雇员雇佣日期,日期型,可以为空。

SAL 是雇员工资,数值型,长度为 7B,小数位有 2 位,可以为空。

COMM 是雇员津贴,数值型,长度为 7B,小数位有 2 位,可以为空。

DEPTNO 是雇员所在部门的编号,数值型,长度为 2B 的整数,可以为空。

2. 部门表 DEPT 的结构

输入以下命令:

```
DESCRIBE DEPT;
```

DEPT 表结构如图 3-3 所示。

图 3.3　DEPT 表结构

说明:以上字段用到了数值型和字符型两种数据类型。DEPT 表共有三个字段:

DEPTNO 是部门编号,数值型,长度为 2B,不能为空。

DNAME 是部门名称,字符型,长度为 14B,可以为空。

LOC 是所在城市,字符型,长度为 13B,可以为空。

3.2.2　表的内容

已知表的数据结构,还要通过查询命令来显示表的内容,这样就可以了解表的全貌。显示表的内容用查询语句进行。

1. 雇员表 EMP 的内容

输入并执行以下查询命令：

```
SELECT *
FROM EMP;
```

EMP 表中的记录如图 3-4 所示。

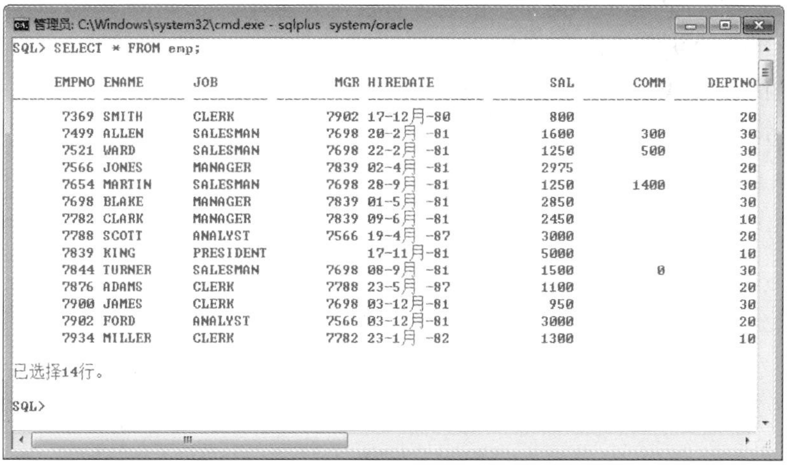

```
管理员: C:\Windows\system32\cmd.exe - sqlplus system/oracle
SQL> SELECT * FROM emp;

     EMPNO ENAME      JOB              MGR HIREDATE              SAL       COMM     DEPTNO
---------- ---------- --------- ---------- -------------- ---------- ---------- ----------
      7369 SMITH      CLERK           7902 17-12月-80            800                    20
      7499 ALLEN      SALESMAN        7698 20-2月 -81           1600        300         30
      7521 WARD       SALESMAN        7698 22-2月 -81           1250        500         30
      7566 JONES      MANAGER         7839 02-4月 -81           2975                    20
      7654 MARTIN     SALESMAN        7698 28-9月 -81           1250       1400         30
      7698 BLAKE      MANAGER         7839 01-5月 -81           2850                    30
      7782 CLARK      MANAGER         7839 09-6月 -81           2450                    10
      7788 SCOTT      ANALYST         7566 19-4月 -87           3000                    20
      7839 KING       PRESIDENT            17-11月-81           5000                    10
      7844 TURNER     SALESMAN        7698 08-9月 -81           1500          0         30
      7876 ADAMS      CLERK           7788 23-5月 -87           1100                    20
      7900 JAMES      CLERK           7698 03-12月-81            950                    30
      7902 FORD       ANALYST         7566 03-12月-81           3000                    20
      7934 MILLER     CLERK           7782 23-1月 -82           1300                    10

已选择14行。

SQL>
```

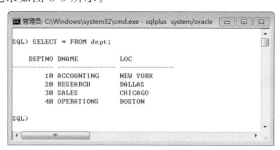

图 3-4 EMP 表记录

说明：观察表的内容，在显示结果中，虚线以上部分(第一行)称为表头，是 EMP 表的字段名列表。该表共有 8 个字段，显示为 8 列，虚线以下部分是该表的记录，共有 14 行，代表 14 个雇员的信息，如雇员 7788 的名字是 SCOTT，职务为 ANALYST 等。

这个表在下面的练习中要反复使用，必须熟记字段名和表的内容。

2. 部门表 DEPT 的内容

输入并执行以下查询命令：

```
SELECT *
FROM DEPT;
```

DEPT 表中的记录如图 3-5 所示。

```
管理员: C:\Windows\system32\cmd.exe - sqlplus system/oracle

SQL> SELECT * FROM dept;

    DEPTNO DNAME          LOC
---------- -------------- -------------
        10 ACCOUNTING     NEW YORK
        20 RESEARCH       DALLAS
        30 SALES          CHICAGO
        40 OPERATIONS     BOSTON

SQL>
```

图 3-5 DEPT 表记录

说明：该表中共有三个字段：部门编号 DEPTNO、部门名称 DNAME 和所在城市 LOC。该表共有 4 个记录，显示出 4 个部门的信息，如部门 10 的名称是 ACCOUNTING，所在城市是 NEW YORK。

习题

1. SQL * Plus 环境下不同用户的登录切换命令是什么？
2. SPOOL 的功能是什么？
3. 使用 SQL * Plus 环境时应注意什么？
4. 显示表 EMP 的结构的命令是什么？

第4章

Oracle SQL

CHAPTER **4**

学习目标
- 了解 SQL 的发展过程及特点。
- 掌握 Oracle 表的创建。
- 熟悉掌握 Oracle 的数据查询方法。

　　SQL(Structured Query Language,结构化查询语言)是一种用于访问和处理数据库的标准语言,是一个通用的、功能极强的关系数据库语言,其功能非常强大,包括数据查询、数据的插入、修改与删除、数据库安全性、完整性定义等。Oracle 是一个关系数据库管理系统,它提供了一个可以让用户利用 SQL 进行高性能数据库访问处理的平台。本章首先讲解 SQL 的发展过程及特点,然后讲解 Oracle 中表的创建,最后讲解 Oracle 的数据查询方法。

🔑 4.1　SQL 概述

　　SQL 自产生以来,逐渐成为国际标准语言,各个数据库厂商纷纷推出自己的 SQL 接口,这些接口均遵循 SQL 的国际标准,这就使不同的数据库系统之间进行互操作提供了可能。目前,SQL 已经成为数据库领域的主流语言。

4.1.1　SQL 的发展

　　1970 年,E. F. Codd 在 *Communication of the ACM* 发表 *A Relational Model of Data for Large Shared Data Banks*(大型共享数据库的关系模型),首次提出了关系数据模型。

　　1974 年,Boycee 和 Chamberlin 提出了 SEQUEL(Structured English QUEry Language),首次在 IBM 公司研制的关系数据库管理系统 SYSTEM R 上实现。SQL 简单易学、功能强大,深受用户及数据库厂商的欢迎,逐步被各数据库厂商采用,并得到了计算机工业界的认可。

　　1979 年,Oracle 公司首先提供了商业版的 SQL,后来 IBM 也在自己的 DB2 中实现了 SQL。

　　1986 年 10 月,美国国家标准局(American National Standards Institute,ANSI)把 SQL 作为关系数据库语言的美国标准,同年公布了 SQL(SQL-86)标准文本。

　　1987 年,国际化标准组织(ISO)把 SQL 采纳为国际标准。

　　SQL 标准随着计算机技术的发展不断发展、丰富,表 4-1 为 SQL 标准的发展过程。

表 4-1　SQL 标准的发展过程

标　　准	大 致 页 数	发 布 日 期
SQL/86		1986 年
SQL/89(FIPS 127-1)	120 页	1989 年
SQL/92	1120 页	1992 年
SQL/99	2084 页	1999 年
SQL 2003	3606 页	2003 年
SQL 2008	3906 页	2006 年
SQL 2011	2456 页	2010 年
SQL 2016	4348 页	2016 年

通过表 4-1 可以看出,SQL 标准的内容也越来越多,SQL 标准中的概念和特性越来越复杂,Oracle 在支持 SQL 标准的基础上,融合了自己独特的功能特性。

4.1.2　SQL 的功能

1. 数据定义功能

SQL 的数据定义功能通过数据定义语言(Data Definition Language,DDL)实现,用来定义数据库的对象,包括定义表、索引、视图等,主要有 CREATE、DROP 和 ALTER 三个命令。

2. 数据操纵功能

SQL 的数据操纵功能通过数据操纵语言(Data Manipulation Language,DML)实现,用来对数据库的数据进行查询和更新操作,主要有查询(SELECT)、插入(INSERT)、修改(UPDATE)和删除(DELETE)等命令。

3. 数据控制功能

SQL 的数据控制功能通过数据控制语言(Data Control Language,DCL)实现,用来实现相关数据的存取控制,以保证数据库的安全性,包括授权(GRANT)和回收权限(REVOKE)两个命令。

4. 事务控制功能

SQL 的事务控制功能通过事务控制语言(Transaction Control Language,TCL)实现,用来实现数据库数据的一致性和并发控制,包括提交(COMMIT)和回滚(ROLLBACK)两个命令。

4.1.3　SQL 的特点

SQL 受到计算机工业界欢迎的主要原因是它是一个功能强大而简单易学的语言。

1. 综合统一

SQL 是集 DDL、DML、DCL、TCL 于一体的语言,而且风格统一,能够独立完成数据库生命周期中的全部工作,包括定义、删除和修改关系模式,定义和删除视图,插入、修改和更新数据,建立数据库,查询数据和修改数据以及数据库的安全控制等,为开发数据库应用系统提供了良好的环境。用户在数据库系统投入运行后,可以根据需要随时修改模式,且不影响数据库的正常运行,这使得系统具有良好的扩展性。而非关系的语言风格不统一。

2. 高度非过程化

SQL 是高度的非过程化的语言,用户只需要提出"做什么",而不需要指出"怎么做",

即用户只需要将 SQL 语句提交给系统,执行过程完全由系统自动完成。

3. 面向集合的操作方式

SQL 是面向集合操作方式,操作的对象和结果都是表中的记录集合,而且更新操作的对象也可以是一个记录集合。

4. 使用方式灵活

SQL 可以支持自含式、嵌入式两种使用方式。自含式是指 SQL 能够直接以联机交互的方式使用;嵌入式是指 SQL 可以嵌入高级程序设计语言中,如 C、C++、Java 等。这两种使用方式在语法结构上基本是一致的,使得系统开发更加灵活方便。

5. 语言简洁,易学易用

SQL 功能极强,语言十分简洁,完成核心功能只需要 11 个动词,就能实现数据库的大部分操作,如表 4-2 所示。

表 4-2 SQL 动词

SQL 功能	动　词
数据定义	CREATE、DROP、ALTER
数据操纵	INSERT、UPDATE、DELETE、SELECT
数据控制	GRANT、REVOKE
事务控制	COMMIT、ROLLBACK

4.1.4　SQL 的书写规则

1. 命令动词的书写

Oracle 中 SQL 命令动词是不区分大小写的,可以使用大写字母,也可以使用小写字母,或者大小写混用。SQL 命令中引用的对象、字段名、函数等也不区分大小写。

2. 命令结束符

Oracle 中 SQL 命令可以书写在一行,也可以分多行书写,不管哪一种书写格式,在 SQL * Plus 中 SQL 命令的结束符均为分号。如果只是单行语句,在 SQL Developer 中就不需要语句结束符。如果有多行语句,则每一行以回车终止,在最后一行用分号结束。

4.1.5　ORCL 数据库

本章以 Oracle ORCL 数据库为例来讲解 SQL 的数据定义、数据操纵、数据查询语句。Oracle ORCL 数据库 SCOTT 用户有如下三张表,分别是:

```
DEPT(DEPTNO,DNAME,LOC)
EMP(EMPNO,ENAME,JOB,MGR,HIERDATE,SAL,COMM,DEPTNO)
```

SALGRADE(GRADE,LOSAL,HISAL)

各表中的数据示例如表 4-3～表 4-5 所示。

表 4-3　DEPT 表

部门编号（DEPTNO）	部门名称（DNAME）	所在城市（LOC）
10	ACCOUNTING	NEW YORK
20	RESEARCH	DALLAS
30	SALES	CHICAGO
40	OPERATIONS	BOSTON

表 4-4　EMP 表

雇员编号（EMPNO）	雇员姓名（ENAME）	雇员职务（JOB）	雇员经理编号（MGR）	雇员雇佣日期（HIREDATE）	雇员工资（SAL）	雇员津贴（COMM）	部门编号（DEPTNO）
7369	SMITH	CLERK	7902	17-12 月-80	800		20
7499	ALLEN	SALESMAN	7698	20-2 月-81	1600	300	30
7521	WARD	SALESMAN	7698	22-2 月-81	1250	500	30
7566	JONES	MANAGER	7698	02-4 月-81	2975		20
7654	MARTIN	SALESMAN	7698	28-9 月-81	1250	1400	30
7698	BLAKE	MANAGER	7839	01-5 月-81	2850		30
7782	CLARK	MANAGER	7839	09-6 月-81	2450		10
7788	SCOTT	ANALYST	7566	19-4 月-87	3000		20
7839	KING	PRESIDENT		17-11 月-81	5000		10
7844	TURNER	SALESMAN	7698	08-9 月-81	1500	0	30
7876	ADAMS	CLERK	7788	23-5 月-87	1100		20

表 4-5　SALGRADE 表

工资等级（GRADE）	最低工资（LOSAL）	最高工资（HISAL）
1	700	1200
2	1201	1400
3	1401	2000
4	2001	3000
5	3001	9999

4.2　表的管理

4.2.1　表的概念

Oracle 数据库中的对象大约有 40 多种,常见的对象主要有 5 种：表（TABLE）、视图（VIEW）、索引（INDEX）、序列（SEQUENCE）、同义词（SYNONYM）。其中,表是数据库中最基本和最重要的对象,是数据实际存放的地方,其他许多数据库对象（索引、视图等）

都以表为基础。对于关系数据库中的表,其存储数据的逻辑结构是一张二维表,由行和列两部分组成。表中的一行为一个元组,也称为记录,描述一个实体,表中的一列为关系的属性,也称为字段。每一行的记录顺序按输入的先后顺序存放,字段的顺序按照创建表时定义的先后顺序存放。Oracle 中表的概念和关系数据模型的对应如表 4-6 所示。

表 4-6 关系模型和 Oracle 表概念的对应

关 系 模 型	Oracle 表
关系	表
属性	列、字段
分量	列值
主码	主键
关系模式	表的定义
属性名	列名、字段名
元组	表中的行或记录
关系完整性	Oracle 的约束

要进行数据的存储和管理,首先要在数据库中创建表,即表的字段(列)结构。有了正确的结构,就可以用数据操作命令,插入、删除表中记录或对记录进行修改。创建表时必须指定表名,以及每一字段的字段名、数据类型、需要输入的数据长度和数据的完整性约束。

视频讲解

4.2.2 Oracle 数据类型

创建表时必须指定每个字段的数据类型,数据类型的作用在于指明存储数值时需要占据的内存空间大小。

Oracle 数据类型主要有数值类型、字符类型、日期类型、LOB 类型、二进制类型和行类型等。

1. 数值类型

NUMBER[(P,S)],用于存储整数和实数。P 是精度,表示数值的总位数,最大 38 位,S 是刻度范围,可在 $-84\sim127$ 间取值。

例:NUMBER(5,2)可以用来存储表示 $-999.99\sim999.99$ 间的数值。P、S 可以在定义时省略,如 NUMBER(3)、NUMBER 等。

2. 字符类型

(1) CHAR[(n[BYTE|CHAR])]:用于存储定长的字符串。

例:CHAR(n)。n 为字符串长度,最大为 2000B。

(2) VARCHAR2[(n[BYTE|CHAR])]:描述变长字符串。

例:VARCHAR2(n)。n 为字符串长度,最大为 4000B。当字段中保存的字符串长度小于 n 时,按实际长度分配空间。

（3）LONG：用于存储高达 2GB 的可变字符串。

（4）NCHAR、NVARCHAR2：用来存储 Unicode 类型字符串。

3. 日期类型

（1）DATE：用于存储固定长度的日期和时间数据。

（2）TIMESTAMP[(n)]：允许存储小数形式的秒值。

（3）INTERVAL YEAR(n) TO MONTH：存储以年份和月份表示的时间段。

例：INTERVAL '2-5' YEAR TO MONTH 表示 2 年 5 个月。

（4）INTERVAL DAY(m) TO SECOND(n)：存储以天数、小时数、分钟数和秒数表示的时间段。

例：INTERVAL '2 10:30:20' DAY TO SECOND 表示 2 天 10 小时 30 分 20 秒。

4. LOB 类型

1）CLOB

CLOB 的全称为 Character Large Object，即字符大对象，可以存储大量字符数据，最大容量可以达到 4GB，CLOB 的处理方式和普通的字符不同，需要特殊的处理方式。

2）NCLOB

NCLOB 是 CLOB 的扩展，用来存储可变长度的 Unicode 字符数据。

3）BLOB

BLOB 是二进制 LOB，存储较大的可变长度的二进制对象，如图形、视频剪辑和声音文件。

4）BFILE

BFILE 是文件性 LOB，存储指向二进制格式文件的定位器。

5. RAW 和 LONG RAW 类型

用来存储二进制数据。

1）RAW

类似于 CHAR，声明方式 RAW(L)，L 为长度，以 B 为单位，作为数据库字段最大为 2000B，作为变量最大为 32 767B。

2）LONG RAW

类似于 LONG，作为数据库字段最大存储 2GB 的数据，作为变量最大存储 32 760B。

6. 行类型

1）ROWID

ROWID 数据类型被称为"伪列类型"，用于 Oracle 内部保存表中每条记录的物理地址。

Oracle 通过 ROWID 可最快地定位某行具体数据的位置。在使用 ROWID 字段时必须显式指定名称。

2）UROWID

行标识符，用于表示索引化表中行的逻辑地址。

4.2.3　表的创建

1. 创建表的语法格式

创建表的命令是 CREATE TABLE，只有具有 CREATE TABLE 权限的用户才能创建表，基本语法格式如下。

```
CREATE TABLE [schema.]table_name
(column_name datatype [DEFAULT expression][column_constraint], …, n)
[AS subquery];
```

各子句的含义如下。

table_name：表的名称。

column_name：指定表的一个列的名字。

datatype：该列的数据类型。

DEFAULT expression：指定由 expression 表达式定义的默认值。

column_constraint：定义一个完整性约束作为列定义的一部分，格式如下。

```
CONSTRAINT constraint_name
[NOT] NULL
[UNIQUE]
[PRIMARY KEY]
[REFERENCES[schema.] table_name(column_name)]
[CHECK(condition)]
```

其中，[NOT] NULL 定义该列是否允许为空；UNIQUE 定义字段的唯一性；PRIMARY KEY 定义字段为主键；REFERENCES 定义外键约束；CHECK（condition）定义该字段数据必须符合的条件。

AS subquery：表示将由子查询返回的行插入所创建的表中。

由创建表的语法格式可以看出，创建表最主要的是要说明表名、字段名、字段的数据类型和宽度，多列之间用“,”分隔。可以使用中文或英文作为表名和列名。表名最大长度为 30 个字符。在同一个用户下，表不能重名，但不同用户表的名称可以相同。另外，表的名称不能使用 Oracle 的保留字。在一张表中最多可以包含 2000 个字段。

例：创建表 DEPT2，该表包含字段 DEPTNO、DNAME、LOC，具体命令如下。

```
CREATE TABLE DEPT2
(DEPTNO NUMBER(2),
DNAME VARCHAR2(14),
LOC VARCHAR2(13));
```

例：创建表 DEPT3，该表包含字段 DEPTNO、DNAME、LOC，指定 LOC 的默认值为 '北京'，具体命令如下。

```
CREATE TABLE DEPT2
(DEPTNO NUMBER(2),
DNAME VARCHAR2(14),
LOC VARCHAR2(13) DEFAULT '北京');
```

2. 通过子查询创建表

利用已有的表创建新表,可在 CREATE TABLE 中利用子查询来简化创建表的工作。如果要创建一个同已有的表结构相同或部分相同的表,可以采用以下的语法。

```
CREATE TABLE 表名(字段名…)AS SQL 查询语句;
```

该语法既可以复制表的结构,也可以复制表的内容,并可以为新表命名新的字段名。新的字段名在表名后的括号中给出,如果省略将采用原来表的字段名。复制的内容由查询语句的 WHERE 条件决定。

例:

```
CREATE TABLE DEPT_SUB
AS
   SELECT *
   FROM DEPT
   WHERE DEPTNO = 30;
```

4.2.4　表的操作

1. 查看表结构

表创建完成后,用户可以使用 DESCRIBE 命令查看表结构,其语法格式如下。

```
DESC[RIBE] 表名
```

例:显示 DEPT_SUB 表的结构。

```
DESC DEPT_SUB;
```

2. 表的重命名

表创建完成后可以给表重新命名,只有表的拥有者才能修改表名,语法如下。

```
RENAME 旧表名 TO 新表名
```

例:

```
RENAME DEPT_SUB TO DEPT_TAB;
```

3. 添加注释

1) 为表添加注释
表创建完成后可以为表添加注释,语法如下。

```
COMMENT ON TABLE 表名 IS '…';
```

该语法为表添加注释字符串。如 IS 后的字符串为空,则清除表注释。

例:

```
COMMENT ON TABLE DEPT_TAB IS '部门表';
```

2) 为列添加注释

可以为列添加注释,语法如下。

```
COMMENT ON COLUMN 表名.字段名 IS '…';
```

该语法为字段添加注释字符串。如 IS 后的字符串为空,则清除字段注释。

例:

```
COMMENT ON COLUMN DEPT.DEPTNO IS '部门编号';
```

4.2.5　修改表

随着应用环境的变化,有时需要修改自己建好的表,其语法格式如下。

```
ALTER TABLE [schema.]tablename
[ADD (columnname datatype[DEFAULT expression][column_constraint],…n)]
[MODIFY (columnname datatype [DEFAULT expression][column_constraint],…n)]
[DROP [COLUMN] (columnname,…)]
```

修改表结构有以下要求。

- 可以增加字段、修改字段的属性和删除字段,可进行表参数的修改以及表的重命名和约束的添加、修改、删除和禁用等。
- 增加的新字段总是位于表的最后。
- 假如新字段定义了默认值,则新字段的所有行自动填充默认值。
- 对于有数据的表,新增加字段的值为 NULL。
- 对于有数据的表,新增加字段不能指定为 NOT NULL 约束条件。

1. 增加新字段

使用 ALTER TABLE…ADD 语句实现表中字段的添加。

例: 为 DEPT 表增加一字段 MAIL(电子邮件)。

```
ALTER TABLE DEPT
ADD MAIL VARCHAR2(20);
```

例: 为 DEPT 表增加两个字段 PHONE(电话)、MPR(部门负责人)。

```
ALTER TABLE DEPT
ADD(PHONE VARCHAR2(11),MPR VARCHAR2(20));
```

2. 修改字段名

使用 ALTER TABLE…RENAME COLUMN 语句修改字段的名称。

例: 把 DEPT 表中 MAIL 改为 EMAIL。

```
ALTER TABLE DEPT
RENAME COLUMN MAIL TO EMAIL;
```

3. 修改字段

使用 ALTER TABLE…MODIFY 语句实现表中字段的修改。

例：把 DEPT 表中 PHONE 的数据类型改为 CHAR(11)。

```
ALTER TABLE DEPT
MODIFY PHONE CHAR(11);
```

例：把 DEPT 表中 EMAIL 和 MPR 的长度分别改为 40 和 30。

```
ALTER TABLE DEPT
MODIFY (EMAIL VARCHAR2(40),MPR VARCHAR(30));
```

修改字段还有如下的要求。

（1）字段的宽度可以增加或减小，在表的字段没有数据或数据为 NULL 时才能减小宽度。

（2）在表的字段没有数据或数据为 NULL 时才能改变数据类型，CHAR 和 VARCHAR2 之间可以随意转换。

（3）只有当字段的值非空时，才能增加约束条件 NOT NULL。

（4）修改字段的默认值，只影响以后插入的数据。

4. 删除字段

使用 ALTER TABLE…DROP COLUMN 语句直接删除字段。

例：删除 DEPT 表中的 MPR 字段。

```
ALTER TABLE DEPT
DROP COLUMN MPR;
```

例：删除 DEPT 表中的 EMAIL 和 PHONE。

```
ALTER TABLE DEPT
DROP COLUMN(EMAIL,PHONE);
```

4.2.6　删除表

视频讲解

删除表的语法如下。

```
DROP TABLE 表名[CASCADE CONSTRAINTS];
```

表的删除者必须是表的创建者或具有 DROP ANY TABLE 权限。如果在删除表的同时要删除其他表中的相关外键约束，使用 CASCADE CONSTRAINTS 子句。

例：删除表 DEPT_TAB。

```
DROT TABLE DEPT_TAB;
```

4.2.7　数据更新

视频讲解

数据更新操作有三种，分别是向表中添加数据、修改表中的数据和删除表中的数据。

在 Oracle 中对应的命令是 INERT、UPDATE、DELETE。

1. 插入数据

INSERT 语句用于向指定的表中添加数据，通常有两种形式，一种是插入一个记录，另一种是插入子查询的结果，语法格式如下。

```
INSERT INTO table_name[column_list]
VALUES(values).
```

其各子句说明如下。

INTO 子句：指定要插入数据的表名及字段；字段的顺序可与表定义中的顺序不一致；如果没有指定字段，表示要插入的是一条完整的元组，且字段属性与表定义中的顺序一致；如果指定部分字段，插入的元组在其余字段上取空值。

VALUES 子句：提供的值必须与 INTO 子句匹配包括值的个数和值的类型。

1）单行数据的插入

例：向 DEPT 表插入全部字段的数据。

```
INERT INTO DEPT
VALUES(40, '开发部','北京');
```

例：向 EMP 表插入部分字段的数据。

```
INSERT INTO EMP(EMPNO,ENAME,JOB,HIREDATE)
VALUES (2022, '马明', 'CLERK', '10-10 月-22');
```

Oracle 在 EMP 新插入的记录中，其他的字段上自动地赋 NULL。

2）多行数据的插入

语法格式如下。

```
INSERT INTO table_name [(column1[,column2,…])
Subquery
```

Subquery：表示从一个子查询向表中插入数据。

例：创建一个新表 CLERK，将 EMP 表中职位为 CLERK 的员工复制到 CLERK 表中。

首先，创建空表 CLERK。

```
CREATE TABLE CLERK
AS
SELECT EMPNO,ENAME,SAL
FROM EMP
WHERE 1=0;
```

然后向 CLERK 表插入子查询的结果。

```
INSERT INTO CELRK
SELECT EMPNO,ENAME,SAL
FROM EMP
WHERE JOB='CLERK';
```

2．修改数据

修改数据的语句为 UPDATE，用来对表中指定字段的数据进行修改。

（1）修改数据的语句 UPDATE 的基本语法如下。

```
UPDATE table_name
SET column_name = value
[WHERE condition];
```

其各子句说明如下。

table_name：要更新数据的表名称。

column_name：要更新数据的表中的字段名。

value：表示将要更新字段的更改值。

WHERE：指定哪些记录需要更新值。若没有此项，则将更新所有记录的指定字段的值。

例：修改（编号为 7369）的工资为 3000。

```
UPDATE EMP
SET SAL = 3000
WHERE EMPNO = 7369;
```

例：将编号为 7369 的雇佣日期改成当前系统日期，部门编号改为 10。

```
UPDATE EMP
SET HIREDATE = SYSDATE,DEPTNO = 10
WHERE EMPNO = 7369;
```

如果修改的值没有赋值或定义，将把原来字段的内容清为 NULL。若修改值的长度超过定义的长度，则会出错。

（2）带有子查询的修改格式。

其语法格式如下。

```
UPDATE tablename1 SET(column_name1,column_name2,… ) =
(SELECT column_name1,column_name2,… FROM tablename2 [WHERE condition]);
```

例：将 CLERK 表中编号为 7369 的记录的雇员名字和工资修改成为 EMP 表编号为 7788 的雇员的名字和工资。

```
UPDATE CLERK
SET (ENAME, SAL) = (SELECT ENAME,SAL FROM EMP WHERE EMPNO = 7788)
WHERE EMPNO = 7369;
```

3．删除数据

1）DELETE 语句

删除数据的语句为 DELETE，可以删除表中的一条或多条记录，其语法格式如下。

```
DELETE FROM table_name
WHERE condition
```

例：将编号为'2022'的员工信息删除。

```
DELETE FROM EMP
WHERE EMPNO = 2022;
```

例：删除 CLERK 表中的全部记录。

```
DELETE FROM CLERK
```

2）TRUNCATE 命令

如果确实要删除一个大表里的全部记录，可以用 TRUNCATE 命令，其语法格式如下。

```
TRUNCATE TABLE 表名;
```

例：

```
TRUNCATE TABLE CLERK;
```

此命令和不带 WHERE 条件的 DELETE 语句功能类似，不同的是，DELETE 命令进行的删除可以回滚，但此命令进行的删除不可回滚。

4.2.8 序列

1. 序列的概念

序列（SEQUENCE）是序列号生成器，可以为表中的行自动生成序列号，产生一组等间隔的数值（类型为数字）。其主要的用途是生成表的主键值，可以在插入语句中引用，也可以通过查询检查当前值，或使序列增至下一个值。例如，1、2、3、4、…；−3、−1、2、4、…；10、20、30、…，这些都是序列。

2. 序列的创建

创建序列的命令是 CREATE SEQUENCE，序列的创建语法如下。

```
CREATE SEQUENCE 序列名
[INCREMENT BY n]
[START WITH n]
[{MAXVALUE n|NOMAXVALUE}]
[{MINVALUE n|NOMINVALUE}]
[{CYCLE|NOCYCLE}]
[{CACHE n|NOCACHE}];
```

其中：
- INCREMENT BY 用于定义序列的步长，如果省略，则默认为 1，如果出现负值，则代表序列的值是按照此步长递减的。
- STRAT WITH 定义序列的初始值（即产生的第一个值），默认为 1。
- MAXVALUE 定义序列生成器能产生的最大值。选项 NOMAXVALUE 是默认选项，代表没有最大值定义，这时对于递增序列，系统能够产生的最大值是 10 的

27 次方；对于递减序列，最大值是 −1。

- MINVALUE 定义序列生成器能产生的最小值。选项 NOMAXVALUE 是默认选项，代表没有最小值定义，这时对于递减序列，系统能够产生的最小值是 −10 的 26 次方；对于递增序列，最小值是 1。
- CYCLE 和 NOCYCLE 表示当序列生成器的值达到限制值后是否循环。CYCLE 代表循环，NOCYCLE 代表不循环。如果循环，则当递增序列达到最大值时，循环到最小值；对于递减序列达到最小值时，循环到最大值。如果不循环，达到限制值后，继续产生新值就会发生错误。
- CACHE(缓冲)定义存放序列的内存块的大小，默认为 20。NOCACHE 表示不对序列进行内存缓冲。对序列进行内存缓冲，可以改善序列的性能。

例：创建一个序列 ids。

```
CREATE SEQUENCE ids
INCREMENT BY 1
START WITH 10
MAXVALUE 1000
NOCYCLE NOCACHE;
```

3. 序列的引用

如果创建了序列，如何引用序列呢？方法是使用 CURRVAL 和 NEXTVAL 来引用序列的值。

调用 NEXTVAL 将生成序列中的下一个序列号，调用时要指出序列名，调用方式为

序列名.NEXTVAL

CURRVAL 用于产生序列的当前值，无论调用多少次都不会产生序列的下一个值。如果序列还没有通过调用 NEXTVAL 产生过序列的下一个值，先引用 CURRVAL 没有意义。

调用方式：

序列名.CURRVAL

例：序列 ids 的引用。

```
SELECT ids.NEXTVAL
FROM DUAL;
```

产生序列的下一个值。

```
SELECT ids.NEXTVAL
FROM DUAL;
```

产生序列的当前值。

```
SELECT ids.CURRVAL
FROM DUAL;
```

4. 序列的应用

序列的用途主要是生成表的主键值。

例：使用序列自动产生 ST 表的学号。

创建一个表 ST：

```
ST(SNO,SNAME,SAGE,SSEX)
CREATE TABLE ST
(SNO CHAR(12),
SNAME CHAR(8),
SAGE NUMBER(2,0),
SSEX CHAR(2));
```

创建一个序列 SN：

```
CREATE SEQUENCE SN
INCREMENT BY 1
START WITH 1
MAXVALUE 1000
NOCYCLE NOCACHE;
```

使用序列自动产生学号：

```
INSERT INTO ST
VALUES('2022090601'||TO_CHAR(SN.NEXTVAL,'fm00'),'张明',21,'男');
INSERT INTO ST
VALUES('2022090601'||TO_CHAR(SN.NEXTVAL,'fm00'),'李小萌',20,'女');
```

其中，函数 TO_CHAR()将序列数字转换为字符。格式字符串"fm00"表示转换为 2 位的字符串，空位用 0 填充。fm 表示去掉转换结果中的空格。

查看序列是否起作用，学号是否自动生成：

```
SELECT * FROM ST;
```

可以看到学号自动从 01,02 依次生成。

注意：使用序列作为插入数据时，如果使用了"延迟段"技术，则跳过序列的第一个值。Oracle 从 11.2.0.1 版本开始，提供了一个"延迟段创建"特性，即当创建了新的表和序列，在插入（INSERT）时，序列会跳过第一个值（1）。所以结果是插入的序列值从 2（序列的第二个值）开始，而不是 从 1 开始。

解决的方法如下。

（1）把数据库的"延迟段创建"特性改为 FALSE（需要有相应的权限），SQL 语句如下。

```
ALTER SYSTEM SET deferred_segment_creation = FALSE;
```

（2）在创建表时让 SEGMENT 立即执行，SQL 语句如下。

```
CREATE TABLE tbl_test(test_id NUMBER PRIMARY KEY,
test_name VARCHAR2(20)) SEGMENT CREATION IMMEDIATE;
```

5. 序列的查看

查看用户拥有的序列可以查看 DBA_SEQUENCES,查看当前用户的序列可以查看 USER_SEQUENCES。

1) 查看当前用户的所有序列

```
SELECT SEQUENCE_OWNER,SEQUENCE_NAME
FROM DBA_SEQUENCES
WHERE SEQUENCE_OWNER = '用户名';
```

2) 查看当前用户所有的序列

```
SELECT *
FROM USER_SEQUENCES;
```

6. 序列的删除

删除序列使用:

```
DROP SEQUENCE sequence_name;
```

例: 删除序列 ids。

```
DROP SEQUENCE ids;
```

4.3　数据查询

数据查询是从数据库中检索出符合条件的数据记录,是数据库应用中最常用的操作,是数据库的核心操作。数据查询使用 SELECT 语句完成,该语句功能强大、使用灵活。在 Oracle 中,SELECT 语句是使用频率最高的语句之一。SELECT 语句的作用是让数据库服务器根据客户的要求从数据库中查询出所需要的信息,并且可以按规定的格式进行分类、统计、排序,再把结果返回给客户。另外,利用 SELECT 语句还可以设置和显示系统信息,给局部变量赋值等。其一般格式为

```
SELECT[ALL|DISTINCT]select_list
FROM[schema.]table_name|[schema.]view_name[,[schema.]table_name|[schema.]
            view_name]…
[WHERE search_condition]
[GROUP BY group_by_expression [HAVING search_condition]]
[ORDER BY order_expression[ASC|DESC]]
```

各子句含义如下。

ALL|DISTINCT:ALL 表示筛选出表中满足条件的所有记录,一般情况下可省略;DISTINCT 表示从查询结果集中去掉重复的行。

select_list:指定查询的字段,如果要查询所有字段可以使用星号(*)代替。

[schema.]table_name：指定要查询的数据源的表名称和它的方案名，如果表是当前数据库连接用户方案下的表，则方案名可以省略。

[schema.]view_name：指定查询的数据源的视图名称和它的方案名，方案名也可以省略。

整个 SELECT 语句的含义是：根据 WHERE 子句的条件表达式，从 FROM 子句所指定的表或视图中查找满足条件的记录，再按 SELECT 后面所指定的查询列表项显示结果。还可以根据 GROUP BY 子句给出的分组表达式将查询结果进行分组。ORDER BY 子句的作用是将查询结果进行排序。在 Oracle 中，SELECT 语句必须包含 SELECT 和 FROM 子句，即使有些查询不需要表，通常也要用 DUAL 表来补足语法；而其他子句可以根据查询的要求进行选择。

视频讲解

4.3.1　单表查询

单表查询是指仅涉及一个表的查询，是从一个表中选出某些行列值，或从一个表中得到一些特定的数据。

1. 选择表中的若干字段

选择表中全部的字段或部分字段也就是关系的投影运算。

1）选择指定的字段

当用户只关心表中一部分字段的时候，可以在 SELECT 后 select_list 中指定要查询的字段。

例：查询所有雇员的雇员编号与雇员姓名。

```
SELECT EMPNO,ENAME
FROM EMP;
```

该语句的执行过程是这样的：从 EMP 表中取出每一个元组的 EMPNO 和 ENAME 然后输出。

例：查询每个雇员的雇员姓名、雇员编号与雇员职务。

```
SELECT ENAME,EMPNO,JOB
FROM EMP;
```

结果如下。

```
ENAME           EMPNO           JOB
----------      ----------      ------------------------------
SMITH           7369            CLERK
ALLEN           7499            SALESMAN
WARD            7521            SALESMAN
JONES           7566            MANAGER
```

可以看出，SELECT 后 select_list 中各个字段的先后顺序可以与表中的顺序不一致。

2）选择所有字段

在 SELECT 子句中可以把所有字段名列出，或使用星号（＊）显示表中所有的字段。

例：查询 emp 表中的所有字段。

```
SELECT *
FROM EMP;
```

或

```
SELECT EMPNO,ENAME,JOB,MGR,HIREDATE,SAL,COMM,DEPTNO
FROM EMP;
```

3）使用计算字段

SELECT 后除了可以使用目标字段之外，还可以使用算术表达式进行计算、常量和函数，可以使用算术运算符和字符串运算符（‖）进行计算，算术运算符包括加（＋）、减（－）、乘（＊）、除（/）运算。函数包括普通函数和集函数。

例：查询每个雇员的编号、雇员姓名和雇佣年限。

```
SELECT EMPNO,ENAME,2023 - TO_CHAR(HIREDATE, 'YYYY')
FROM EMP;
```

结果为

```
EMPNO      ENAME       2023 - TO_CHAR(HIREDATE, 'YYYY')
-------    ----------  -----------------------------
  7369     SMITH               43
  7499     ALLEN               42
  7521     WARD                42
  7566     JONES               42
```

可以看到该例中用到了一个函数 TO_CHAR（），用到了减运算表达式，除了这些之外还可以使用常量。

例：查询每个雇员的编号、雇员姓名和雇佣年限。

```
SELECT EMPNO,ENAME,'雇佣年限是'2023 - TO_CHAR(HIREDATE, 'YYYY'),'年'
FROM EMP;
```

结果为

EMPNO	ENAME	'雇佣年限是'	2023 - TO_CHAR(HIREDATE, 'YYYY')	'年'
7369	SMITH	雇佣年限是	43	年
7499	ALLEN	雇佣年限是	42	年
7521	WARD	雇佣年限是	42	年
7566	JONES	雇佣年限是	42	年

4）使用字段别名

用户可以通过指定别名来改变查询结果的字段标题，用户可以根据要求在 SELECT 语句中改变字段标题，语法格式如下。

```
SELECT column_name1[AS]alias,column_name2[AS]alias, …
FROM[schema. ]table_name|[schema. ]view_name
```

其中,column_name 是要查询的字段名;AS 是为字段起别名的关键字,可以用空格替代;alias 是为字段起的别名。

例:查询每个雇员的编号、雇员姓名和雇佣年限。

```
SELECT EMPNO 雇员编号,ENAME 雇员姓名,
          2023 - TO_CHAR(HIREDATE, 'YYYY')   雇佣年限
FROM   EMP;
```

结果为

雇员编号	雇员姓名	雇员年限
7369	SMITH	43
7499	ALLEN	42
7521	WARD	42
7566	JONES	42

5) 字符连接运算

在 Oracle 中对字符串进行连接运算使用"‖",方法是在查询中使用连接运算。通过连接运算可以将两个字符串连接在一起。

例:查询每个雇员的编号、雇员姓名和雇佣年份。

```
SELECT EMPNO 雇员编号,ENAME 雇员姓名,
          TO_CHAR(HIREDATE,'YYYY')‖ '年'   雇佣年份
FROM EMP;
```

结果为

雇员编号	雇员姓名	雇员年份
7369	SMITH	1980 年
7499	ALLEN	1981 年
7521	WARD	1981 年
7566	JONES	1981 年

2. DISTINCT 关键字

使用 DISTINCT 关键字可以从结果集中消除重复的行,使结果更简洁,如果没有DISTINCT 关键字则保留重复的行。

例:查询所有雇员的职务,要求取消重复的行。

```
SELECT DISTINCT JOB
FROM EMP;
```

结果为

```
JOB
---------
CLERK
SALESMAN
PRESIDENT
```

```
MANAGER
ANALYST
```

3．选择表中的行

从表中筛选出满足指定条件的行,可以在 SELECT 语句中使用 WHERE 子句。筛选条件可以是比较运算符、BETWEEN AND、查询列表、字符串模式匹配符、是否为空运算符、多重条件等构成的表达式,该表达式的结果是逻辑值真或假。在使用字符串和日期数据进行比较时,应符合下面的规定。

（1）字符串和日期必须用单引号括起来。

（2）字符串数据区分大小写。

（3）日期数据的格式是敏感的,默认的日期格式是 DD-MON 月-YY。

1）比较运算符

WHERE 子句允许使用的运算符包括以下几种：＝（等于）、＜（小于）、＞（大于）、＜＝（小于或等于）、＞＝（大于或等于）、＜＞或！＝（不等于）、！＞（不大于）、！＜（不小于）。

例：查询部门 20 的雇员编号与雇员姓名。

```
SELECT EMPNO,ENAME
FROM EMP
WHERE DEPTNO = 20;
```

例：查询工资大于 3000 的雇员。

```
SELECT *
FROM EMP
WHERE SAL > 3000;
```

2）BETWEEN AND

根据一个属性值范围的查询可以用 BETWEEN AND 谓词,其中,BETWEEN 后是范围下限,AND 后是范围上限。系统将逐行检查表中的数据是否在 BETWEEN 和 AND 关键字设定的范围内,该范围是一个连续的闭区间。如果在其设定的范围内,则取出该行,否则不取该行。

例：查询工资为 3000～5000 的雇员,包含 3000 和 5000 两个边界值。

```
SELECT *
FROM EMP
WHERE SAL BETWEEN 3000 AND 5000;
```

例：查询工资不在 3000～5000 这个范围的雇员。

```
SELECT *
FROM EMP
WHERE SAL NOT BETWEEN 3000 AND 5000;
```

3）使用查询列表

如果要查询的字段的取值范围不是一个连续的区间,而是一些离散的值,那么可以使用关键字 IN 进行查询,主要用来检测字段值是否属于指定的集合。与 IN 相对的 NOT

IN,用于检测字段值不属于指定集合的记录。

例：查询雇员职务分别为 CLERK、ANALYST、MANAGER 的雇员信息。

```
SELECT *
FROM EMP
WHERE JOB IN ('CLERK', 'ANALYST','MANAGER');
```

例：查询雇员职务不是 CLERK、ANALYST、MANAGER 的雇员信息。

```
SELECT *
FROM EMP
WHERE JOB NOT IN ('CLERK', 'ANALYST','MANAGER');
```

4）字符串模式匹配

在前面介绍的查询中,查询条件都是确定、精确的。然而,数据查询并不总是所有查询条件都是确定的。例如,要查询公司中一个姓刘的销售人员,但不知道叫什么名字,此时,精确查询就不管用了,必须使用 LIKE 关键字进行模糊查询。使用 LIKE 操作符可以查找与字符串匹配的指定集合记录,其语法为

```
[NOT]LIKE 'string'[ESCAPE '<换码字符>']
```

其中,string 是匹配字符串,匹配字符串可以是一个完整的字符串,也可以使用％和_两种匹配符。％代表字符串中包含零个或多个任意字符,例如,a％b 表示以 a 开头,以 b 结尾的任意长度的字符串,如 adb,affgjb,ab 等都满足该匹配串；_代表字符串中包含一个任意字符,例如,a_b 表示以 a 开头,以 b 结尾的长度为 3 的任意字符串,如 ahb、atb 等都满足该匹配串。NOT 关键字是对 LIKE 运算符的否定,表示可以查询那些不匹配的记录。

（1）匹配固定值。

如果匹配串中无通配符时 LIKE 和"＝"等价。

例：查询雇员职务为 CLERK 的雇员信息。

```
SELECT *
FROM EMP
WHERE JOB LIKE 'CLERK' ;
```

等价于

```
SELECT *
FROM EMP
WHERE JOB = 'CLERK';
```

（2）含有通配符的匹配串。

如果匹配串中含有通配符时 LIKE 和"＝"不等价。

例：查询姓名以 M 开头的雇员信息。

```
SELECT *
FROM EMP
WHERE ENAME LIKE 'M％';
```

例：查询姓名不以 M 开头的雇员信息。

```
SELECT *
FROM EMP
WHERE ENAME NOT LIKE 'M%';
```

例：查询姓名的倒数第二个字母是 E 的雇员信息。

```
SELECT *
FROM EMP
WHERE ENAME LIKE '%E_';
```

（3）ESCAPE 短语。

用户要查询的字符串本身就含有%或_时，就需要使用 ESCAPE '<换码字符>' 短语对通配符进行转义，就是将通配符转义为普通字符。

例：查询 DEPT 表中部门名为 SALES_A 的部门信息。

首先，执行：

```
INSERT INTO DEPT
VALUES(60,'SALES_A','济南');
INSERT INTO DEPT
VALUES(70,'SALESCA','青岛');
```

无 ESCAPE 短语，执行查询：

```
SELECT *
FROM DEPT
WHERE DNAME LIKE 'SALES_A';
```

结果为

```
    DEPTNO      DNAME           LOC
---------- --------------- -------------
        70      SALESCA         青岛
        60      SALES_A         济南
```

指定 ESCAPE 短语，执行查询：

```
SELECT *
FROM DEPT
WHERE DNAME LIKE 'SALES\_A' ESCAPE '\';
```

结果为

```
    DEPTNO      DNAME           LOC
---------- --------------- -------------
        60      SALES_A         济南
```

5）空值的判定

空值是不知道或无意义的值，在表中，字段值可以是空，表示该字段没有内容。如果不填写或设置为空，则表示该字段的内容为 NULL。NULL 没有数据类型，也没有具体的值，但是使用特定运算可以判定某字段值是否为空，该运算就是：

```
IS [NOT] NULL
```

例：查询没有津贴的雇员信息。

```
SELECT *
FROM EMP
WHERE COMM IS NULL;
```

例：查询所有有津贴的雇员信息。

```
SELECT *
FROM EMP
WHERE COMM IS NOT NULL;
```

6）多重条件

当查询的条件不止一个时,可以使用 AND 和 OR 连接多个条件。AND 的优先级高于 OR,可以使用圆括号改变它们的优先级。

例：查询工资为 3000～5000 的雇员,包含 3000 和 5000 两个边界值。

```
SELECT *
FROM EMP
WHERE SAL > = 3000 AND SAL < = 5000;
```

等价于：

```
SELECT *
FROM EMP
WHERE SAL BETWEEN 3000 AND 5000;
```

例：查询雇员职务分别为 CLERK、ANALYST、MANAGER 的雇员信息。

```
SELECT *
FROM EMP
WHERE JOB = 'CLERK' OR JOB = 'ANALYST' OR JOB = 'MANAGER';
```

等价于：

```
SELECT *
FROM EMP
WHERE JOB IN ('CLERK','ANALYST','MANAGER');
```

4. 排序

如果要把查询结果排序显示,可以使用短语 ORDER BY,表示对查询结果按照一个字段或多个字段的升序(ASC)或降序(DESC)显示。如果不指明排序顺序,则默认的排序顺序为升序。如果要降序,必须指定 DESC 关键字。

1）按单字段排序

例：查询所有的雇员信息,按工资降序排序显示。

```
SELECT *
FROM EMP
```

```
ORDER BY SAL DESC;
```

2）按多字段排序

排序是可以按多字段进行排序，先按第一个字段，然后按第二个字段、第三个字段……

例：查询所有的雇员信息，先按部门编号升序排序，再按雇员编号降序排序。

```
SELECT *
FROM EMP
ORDER BY DEPTNO, EMPNO DESC;
```

3）按字段别名排序

排序时也可以按照字段的别名进行排序。

例：查询每个雇员的编号、雇员姓名和雇佣年限，按雇佣年限降序排序显示。

```
SELECT EMPNO 雇员编号,ENAME 雇员姓名,
2023 - TO_CHAR(HIREDATE,'YYYY')  雇佣年限
FROM EMP
ORDER BY 雇佣年限 DESC:
```

结果为

雇员编号	雇员姓名	雇佣年限
7369	SMITH	43
7521	WARD	42
7566	JONES	42
7654	MARTIN	42
7698	BLAKE	42
7499	ALLEN	42
7782	CLARK	42
7902	FORD	42
7839	KING	42
7844	TURNER	42
7934	MILLER	41
7876	ADAMS	36

4）按字段编号排序

排序时可以按照 SELECT 后的字段列表编号排序，字段列表编号从左到右依次编号 1、2、3、…。

例：查询每个雇员的编号、雇员姓名和雇佣年限，按雇佣年限降序排序显示。

```
SELECT EMPNO 雇员编号,ENAME 雇员姓名,
2023 - TO_CHAR(HIREDATE,'YYYY')  雇佣年限
FROM EMP
ORDER BY 3 DESC:
```

结果为

雇员编号	雇员姓名	雇佣年限
7369	SMITH	43
7521	WARD	42
7566	JONES	42
7654	MARTIN	42
7698	BLAKE	42
7499	ALLEN	42
7782	CLARK	42
7902	FORD	42
7839	KING	42
7844	TURNER	42
7934	MILLER	41
7876	ADAMS	36

5. 集函数

Oracle 中提供了一些统计计算的集函数，可以对表中的数据进行分类、统计、汇总等操作。常用的集函数如表 4-7 所示。

表 4-7　常用的集函数

函 数 名	功 能
AVG([DISTINCT] expression)	计算表达式的平均值，指定 DISTINCT 则去掉重复值，忽略空值
MAX([DISTINCT] expression)	求表达式中的最大值，指定 DISTINCT 则去掉重复值，忽略空值
MIN([DISTINCT] expression)	求表达式中的最小值，指定 DISTINCT 则去掉重复值，忽略空值
SUM([DISTINCT] expression)	计算表达式中所有值的和，指定 DISTINCT 则去掉重复值，忽略空值
COUNT([DISTINCT] column_name)	统计表的指定字段值的个数，指定 DISTINCT 则去掉重复值
COUNT([DISTINCT] *)	统计表中所有记录的行数，指定 DISTINCT 则去掉重复行

例：查询所有雇员的平均工资。

```
SELECT AVG(SAL)
FROM EMP;
```

例：查询 10 号部门雇员的最高工资。

```
SELECT MAX(SAL)
FROM EMP
WHERE DEPTNO = 10;
```

例：求所有雇员的人数。

```
SELECT COUNT( * )
FROM EMP;
```

6. 分组

前面介绍的集函数都是对表中的所有行或满足 WHERE 条件的部分进行一次统计运算,返回一个汇总结果。但有时候,需要将表中的数据按照某些字段值分组,然后对分组内的数据进行统计,从而得到多个汇总结果,此时必须使用 GROUP BY 子句。该子句的功能是根据指定的一个字段或多个字段值分组,值相等的为一组,有几个不同的值就有几个不同的分组。如果分组中的字段是多个,那么先按照第一个字段值分组,也就是将第一个分组字段值相同的行分为一组,然后在每个组内按照第二个字段值进行分组,也就是说,最终是基于这些列的唯一组合进行分组的,最后在分好的组中进行汇总。

在使用 GROUP BY 子句时,需要注意以下几个原则。

- 使用 GROUP BY 子句时,将分组字段值相同的行作为一组,而且每组只产生一个汇总结果,每个组只返回一行,不返回详细信息。
- 在 SELECT 子句的后面只能有两种类型的表达式,一种是出现在 GROUP BY 子句后面的字段名或它的非集函数表达式,另一种是其他非分组字段的集函数表达式。
- 如果在该查询语句中使用了 WHERE 子句,那么先在表中查询满足 WHERE 条件的记录,再将这些记录按照 GROUP BY 子句分组,也就是说,WHERE 子句先生效。
- GROUP BY 子句后面可以出现多个分组字段名,用逗号隔开。

例:查询每个部门的部门编号和平均工资。

```
SELECT DEPTNO, AVG(SAL)
FROM EMP
GROUP BY DEPTNO;
```

例:查询各个部门中的部门编号及各种职务的雇员人数,查询结果按部门编号升序排序。

```
SELECT DEPTNO, JOB, COUNT( * )   AS 人数
FROM EMP
GROUP BY DEPTNO, JOB
ORDER BY DEPTNO;
```

结果为

DEPTNO	JOB	人数
10	CLERK	1
10	MANAGER	1
10	PRESIDENT	1
20	ANALYST	2
20	CLERK	2
20	MANAGER	1
30	CLERK	1
30	MANAGER	1
30	SALESMAN	4

7. HAVING 子句

如果对分组查询的结果进行筛选，要使用 HAVING 子句。HAVING 子句是对组进行筛选，它只能出现在 GROUP BY 从句之后，而 WHERE 子句要出现在 GROUP BY 子句之前。

例：查询平均工资大于 3000 的部门编号和平均工资。

```
SELECT DEPTNO,AVG(SAL)
FROM EMP
GROUP BY DEPTNO
HAVING AVG(SAL)> 3000;
```

在 SELECT 语句中，当同时存在 GROUP BY 子句、HAVING 子句和 WHERE 子句时，其执行顺序为：先 WHERE 子句，后 GROUP BY 子句，再 HAVING 子句。即先用 WHERE 子句从数据源中筛选出符合条件的记录，接着再用 GROUP BY 子句对筛选的记录按指定的字段分组、汇总，最后再用 HAVING 子句筛选出符合条件的组。

在使用 HAVING 和 WHERE 时应注意以下问题。

SELECT 中如有 HAVING，则先有 GROUP BY。

HAVING 中只能出现集函数或分组字段。

WHERE 中不能出现集函数。

例：查询 1982 年后参加工作的、雇员人数超过了 2 人的部门编号和人数。

```
SELECT DEPTNO,COUNT( * ) AS 人数
FROM EMP
WHERE HIREDATE > = '1-1 月-1982'
GROUP BY DEPTNO
HAVING COUNT( * ) > = 2;
```

8. SQL 函数

Oracle 为了增强查询功能，提供了一些 Oracle 内置函数。函数可以用来完成数据计算、数据转换、修改单个数据、操纵一组行以及对字段进行格式化处理。函数可以带零个或多个参数，并返回一个值。Oracle SQL 中有以下两种类型的函数。

单行函数：单行函数返回表中查询的每一行的值。常用的单行函数包括字符函数、数值函数、日期函数、转换函数等。

分组函数：分组函数也称为集函数（COUNT()、AVG()、SUM()、MAX()、MIN()），可操作一组行中的数据，并返回单一的一个结果。

1) DUAL 表

DUAL 是 Oracle 中一个实际存在的表，任何用户均可读取，常用在没有目标表的 SELECT 语句块中。Oracle 中的 DUAL 表是一个单行单列的表，是 Oracle 与数据字典一起自动创建的一个表。这个表只有一列：DUMMY，数据类型为 VARCHAR2(1)，只有一个数据'X'。Oracle 有内部逻辑保证 DUAL 表中永远只有一条数据。

例：查询当前的系统日期。

```
SELECT SYSDATE
FROM DUAL;
```

2）数值函数

数值函数对数值数据进行计算，常用的数值函数如表 4-8 所示。

表 4-8　数值函数

函　数　名	功　　能	实　　例	结果
ABS(x)	返回 x 的绝对值,结果恒为正	ABS(−10)	10
CEIL(x)	返回大于或等于 x 的最小整数值	CEIL(3.56)	4
FLOOR(x)	返回小于或等于 x 的最大整数值	FLOOR(3.56)	3
POWER(x,y)	返回 x 的 y 次幂	POWER(2,3)	8
MOD(x,y)	返回 x 除以 y 的余数,若 y=0,则返回 x	MOD(−5,−3)	−2
ROUND(x[,y])	四舍五入。结果近似到 y 指定的小数位	ROUND(3.56398,2)	35.56
		ROUND(35.56398,0)	36
		ROUND(35.56398,−1)	40
TRUNC(x[,y])	只舍不入。y＞0,结果为 y 位小数；y=0,结果为整数；y＜0,结果为小数点左侧的 y 位	TRUNC(35.56398,1)	35.5
		TRUNC(35.56398,0)	35
		TRUNC(35.56398,−1)	30
SQRT(x)	返回 x 的平方根	SQRT(9)	3

3）日期函数

Oracle 数据库中的日期默认格式为 DD-MON-YY,可通过参数 NLS_DATE_FORMAT 设置当前会话的日期格式,可以设置通过参数 NLS_DATE_LANGUAGE 设置当前日期的字符集。

例：设置日期格式为 YYYY-MM-DD。

```
ALTER SESSION
SET NLS_DATE_FORMAT = 'YYYY - MM - DD';
```

例：设置当前日期为中文字符集。

```
ALTER SESSION
SET NLS_DATE_LANGUAGE = 'Simplified chinese';
```

常用的日期函数如表 4-9 所示。

表 4-9　日期函数

函　数　名	功　　能	实　　例	结　果
SYSDATE	返回当前系统日期和时间	SYSDATE	21-10 月-22
LAST_DAY(d)	返回日期 d 所在月的最后一天的日期	LAST_DAY('21-10 月-22')	31-10 月-22
MONTHS_BETWEEN(d1,d2)	返回两个日期 d1 和 d2 之间相差的月数	MONTHS_BETWEEN('21-10 月-22','1-9 月-22')	1.64516129

续表

函　数　名	功　　能	实　　例	结　果
TO_CHAR(date [,fmt])	将日期型数据转换成以fmt 指定形式的字符串	TO_CHAR(SYSDATE, 'YYYY')	2022
TO_DATE(d[,fmt])	将字符型数据 d 转换成以fmt 指定形式的日期型数据	TO_DATE('2022-10-1', 'YYYY-MM-DD')	01-10 月-22

常用的日期格式字符如表 4-10 所示。

表 4-10　日期格式字符

代　　码	含　　义	实　　例
AM、PM	上午、下午	10AM
D	数字表示的星期(1~7)	1,2,3,4,5,6,7
DD	数字表示月中的日期(1~31)	1,3,3,4,…,31
MM	两位数的月份	01,02,03,…,12
Y、YY、YYY、YYYY	年份的位数	2,22,022,2022
DY	简写的星期名	MON,TUE,…
DAY	完整的星期名	MONDAY,TUESDAY,…
MON	简写的月份名	JAN,FEB,…
MONTH	完整的月份名	JANUARY,FEBRUARY,…
HH、HH12	12 小时制	1,2,3,…,12
HH24	24 小时制	0,1,2,…,23
MI	分(0~59)	0,1,2,…,59
SS	秒(0~59)	0,1,2,…,59

4) 字符函数

字符函数接受字符输入,用于对字符串进行处理,并返回字符或数值。SQL 中的字符处理函数有 20 多个,主要的字符函数如表 4-11 所示。

表 4-11　字符函数

函　数　名	功　　能	实　　例	结　　果
ASCII	获得字符 ASCII 码	ASCII('B')	66
CHR	将字符串转换为小写	CHR(66)	B
LOWER	将字符转换为小写	LOWER('ORACLE')	oracle
UPPER	将字符转换为小写	UPPER('oracle')	ORACLE
INITCAP	将字符串转换成每个字符串以大写开头	INITCAP('oracle sql')	Oracle Sql
CONCAT	连接两个字符串	CONCAT('Oracle', 'SQL')	OracleSQL
SUBSTR	在字符串中从指定位置开始截取指定长度的字符串	SUBSTR('Oracle SQL',8,3)	SQL
LENGTH	求字符串的长度	LENGTH('Oracle SQL')	10

续表

函　数　名	功　　能	实　　例	结　　果
INSTR	在字符串中给出起始位置和子字符串出现的次数,求子字符串在整个字符串中出现的位置	INSTR('Oracle Oracle','O',2,1)	8
LPAD	在字符串左侧用指定的字符串填充到指定总长度	LPAD('Oracle', 'SQL',12)	SQLSQLOracle
RPAD	在字符串右侧用指定的字符串填充到指定总长度	RPAD('Oracle', 'SQL',12)	OracleSQLSQL
LTRIM	在指定的字符串中从左边截断一个子字符串	LTRIM('Oracle','Or')	acle
RTRIM	在指定的字符串中从右边截断一个子字符串	RTRIM('Oracle','le')	Orac
REPLACE	在字符串中用一个字符串替换字符串中的子字符串	REPLACE('Oracle','ac','AB')	OrABle
TRANSLATE	在字符串中用一个指定的字符串去对应翻译指定的字符串	TRANSLATE('Oracle','abcd','1234')	Or1l3e

5) 转换函数

Oracle 一些数据类型之间可进行转换,一种是自动类型转换,一种是通过转换函数转换。

(1) 自动类型转换。

字符串到数值、数值到字符串、字符串到日期、日期到字符串,可以实现自动转换。

例:

```
SELECT '33' + 15
FROM DUAL;
```

结果为

48

例:

```
SELECT '33'||15
FROM DUAL;
```

结果为

3315

例:

```
SELECT *
FROM EMP
WHERE HIREDATE> = '1 - 1 月 - 1982';
```

例:

```
INSERT INTO EMP(EMPNO,ENAME,HIREDATE)
VALUES(2023,'黄大鹏','1-1月-2023');
```

（2）转换函数。

常用的转换函数如表 4-12 所示。

表 4-12　转换函数

函 数 名	功 能	实 例	结 果
TO_CHAR	转换成字符类型	TO_CHAR(3.1415926,'$9.9999')	$3.1416
		TO_CHAR(314.15926,'9.9EEEE')	3.1E+02
TO_DATE	转换成日期类型	TO_DATE('2022-10-1','YYYY-MM-DD')	01-10月-22
TO_NUMBER	转换成数值类型	TO_NUMBER('123')	123

表 4-12 中'$9.99999'为数值转换符,常用的数值转换符如表 4-13 所示。

表 4-13　数值转换符

代 码	格 式	实 例
9	代表一位数字,如果是正数,前面是空格,如果是负数,前面是负号	9999
0	代表一位数字,在相应的位置上如果没有数字则出现 0	0000
,	逗号,用作组分隔符	99,999
.	小数点,分隔整数和小数	999.9
$	货币符号	$999.9
L	本地货币符号	L999.99
FM	去掉前后的空格	FM999.99
EEEE	科学记数法	9.9EEEE
S	负数符号,放在开头	S999.9

6）空值函数

常用的空值函数如表 4-14 所示。

表 4-14　空值函数

函 数 名	功 能	实 例	结果
NVL(Exp1,Exp2)	如果 Exp1 的计算结果为 NULL 值,则返回 Exp2。如果 Exp1 的计算结果不是 NULL 值,则返回 Exp1。Exp1 和 Exp2 可以是任意一种数据类型。如果 Exp1 与 Exp2 的结果皆为 NULL 值,则返回 NULL	NVL(1,2)	1
		NVL(NULL,2)	2
		NVL(1,NULL)	1
		NVL(NULL,NULL)	NULL
NVL2(Exp1, Exp2,Exp3)	如果 Exp1 的计算结果为 NULL 值,则返回 Exp2,否则返回 Exp3	NVL2(1,2,3)	2
		NVL2(NULL,2,3)	3
		NVL2(NULL,NULL,3)	3
		NVL2(NULL,NULL,NULL)	NULL
NULLIF(Exp1, Exp2)	比较两个表达式,如果相等,则返回 NULL 值,否则返回 Exp1	NULLIF(1,2)	1
		NULLIF(1,1)	NULL

7）其他函数

Oracle 还有一些函数，如 DECODE，这些函数也很有用，如表 4-15 所示。

表 4-15 其他常用函数

函 数 名	功 能	实 例	结 果
DECODE	实现分支功能	DECODE(2,2,'男', 100, '女') SELECT DECODE（100,2,'男', 100, '女')	男 女
USERENV	返回环境信息	USERENV('LANGUAGE')	SIMPLIFIED CHINESE_CHINA. ZHS16GBK
GREATEST	返回参数的最大值	GREATEST(2,1,3,5)	5
LEAST	返回参数的最小值	LEAST(2,1,3,5)	1

4.3.2 连接查询

视频讲解

前面介绍的查询的数据源都是单个表，如果从多个表查询数据，SELECT 命令中显示的字段来源于多个数据表，也就是从两个或多个表中获取数据，这种查询称为连接查询。

1．交叉连接

交叉连接是不带连接条件的连接，是两个表所有的连接可能，也就是两个表的笛卡儿积的结果。这种连接会产生一些没有意义的元组，因此在实际应用中较少使用。交叉连接的连接谓词为 CROSS JOIN。

例：

```
SELECT *
FROM EMP CROSS JOIN DEPT;
```

或：

```
SELECT *
FROM EMP,DEPT;
```

2．内连接

只连接两表中字段值满足连接条件的记录，只有满足连接条件的数据才会出现在结果集中。内连接实际上就是结果集中只包含从交叉连接的全集中筛选出来的满足连接条件的记录，可分为相等内连接、非等内连接、自然连接和自连接。如果连接的表中有相同的字段，则需要在字段前加表名。

1）相等内连接

使用等号（＝）指定连接条件的连接查询，相等内连接的连接短语为［INNER］JOIN。

例：查询所有雇员的姓名、所在部门的编号和名称。

```
SELECT ENAME,EMP.DEPTNO,DNAME
```

```
FROM EMP INNER JOIN DEPT
ON EMP.DEPTNO = DEPT.DEPTNO;
```

或：

```
SELECT ENAME,EMP.DEPTNO,DNAME
FROM EMP,DEPT
WHERE EMP.DEPTNO = DEPT.DEPTNO;
```

例：查询工资大于 4000 的雇员姓名、所在部门的编号和名称。

```
SELECT ENAME,EMP.DEPTNO,DNAME
FROM EMP INNER JOIN DEPT
ON EMP.DEPTNO = DEPT.DEPTNO AND SAL > 4000;
```

或：

```
SELECT ENAME,EMP.DEPTNO,DNAME
FROM EMP INNER JOIN DEPT
ON EMP.DEPTNO = DEPT.DEPTNO
WHERE SAL > 4000;
```

或：

```
SELECT ENAME,EMP.DEPTNO,DNAME
FROM EMP,DEPT
WHERE EMP.DEPTNO = DEPT.DEPTNO AND SAL > 4000;
```

2）非等内连接

非等内连接是在连接条件中使用除"="运算符以外的其他运算符。

例：查询雇员姓名、工资和所属工资等级。

```
SELECT ENAME,SAL,GRADE
FROM EMP INNER JOIN SALGRADE
ON SAL BETWEEN LOSAL AND HISAL;
```

3）自然连接

自然连接是使用等号（＝）指定连接条件的连接查询，连接时两表必须有同名字段，且查询结果会自动去掉重复的字段。连接条件是两表同名字段的（＝）比较，且是隐含的。连接字段引用时不能加表名，自然连接的连接短语为 NATURAL JOIN，其一般语法格式如下。

```
SELECT selectlist
FROM table_name1 NATURAL JOIN table_name2
```

例：查询工资大于 4000 的雇员姓名、所在部门的编号和名称。

```
SELECT ENAME,DEPTNO,DNAME
FROM EMP NATURAL JOIN DEPT
WHERE SAL > 4000;
```

DEPTNO 字段前不能指定表名。当两个表有一个或多个字段同名时可以用 USING 指定需要连接的字段。

例：查询工资大于 4000 的雇员姓名、所在部门的编号和名称。

```
SELECT ENAME,DEPTNO,DNAME
FROM EMP JOIN DEPT USING(DEPTNO)
WHERE SAL > 4000;
```

指定 USING(DEPTNO)时,可省略 NATURAL。

4）自连接

一个表与其自己进行连接,称为表的自连接。自连接的特点是需要给表起别名以示区别,由于所有字段名都是同名字段,因此必须使用别名前缀。

例：查询所有雇员编号、雇员姓名和雇员的经理姓名。

因为 EMP 表中只有雇员的雇员经理编号,而没有雇员对应的雇员经理的姓名,要实现这个查询必须先找到每个雇员对应的雇员经理编号 MGR,然后按照这个编号 MGR 再和 EMP 表中雇员编号 EMPNO 连接才能找到该雇员对应经理的姓名,其查询命令如下。

```
SELECT A.EMPNO,A.ENAME,B.ENAME
FROM EMP A JOIN EMP B
ON A.MGR = B.EMPNO;
```

结果为

```
     EMPNO        ENAME        ENAME
---------- ---------- --------------------------
      7902        FORD         JONES
      7788        SCOTT        JONES
      7844        TURNER       BLAKE
      7499        ALLEN        BLAKE
      7521        WARD         BLAKE
      7900        JAMES        BLAKE
      7654        MARTIN       BLAKE
      7934        MILLER       CLARK
```

3．外连接

普通连接操作只输出满足连接条件的记录,把普通连接中舍弃的不满足连接条件的记录一并输出,而在其他字段上填空值(NULL),这就是外连接。外连接的连接短语为 OUTER JOIN 或(+)。

根据输出结果集中包含的舍弃记录来自表的不同,外连接可分为左外连接、右外连接和完全外连接。

1）左外连接

左外连接是把左表中舍弃的记录也一并输出,在其他字段填空值(NULL),左外连接的连接短语为 LEFT [OUTER] JOIN 或(+)。

例：查询雇员的姓名、工资和所在部门名称及没有属于任何部门的雇员。

首先执行：

```
INSERT INTO EMP(EMPNO,ENAME,JOB,DEPTNO)
```

```
VALUES(7345,'李萍',3500,NULL);
```

然后执行：

```
SELECT ENAME,SAL,DNAME
FROM EMP LEFT JOIN DEPT
ON EMP.DEPTNO = DEPT.DEPTNO;
```

或

```
SELECT ENAME,SAL,DNAME
FROM EMP,DEPT
WHERE EMP.DEPTNO = DEPT.DEPTNO( + );
```

结果为

```
NAME          SAL          DNAME
----------    ----------   --------------------------
MILLER        1300         ACCOUNTING
KING          5000         ACCOUNTING
CLARK         2450         ACCOUNTING
FORD          3000         RESEARCH
ADAMS         1100         RESEARCH
SCOTT         3000         RESEARCH
JONES         2975         RESEARCH
SMITH         800          RESEARCH
JAMES         950          SALES
TURNER        1500         SALES
BLAKE         2850         SALES
MARTIN        1250         SALES
WARD          1250         SALES
ALLEN         1600         SALES
李萍          3500
```

2）右外连接

右外连接是把左表中舍弃的记录也一并输出，在其他字段填空值（NULL），右外连接的连接短语为 RIGHT [OUTER] JOIN 或（+）。

例：查询雇员的姓名、工资和所在部门名称及没有任何雇员的部门。

```
SELECT ENAME,SAL,DNAME
FROM EMP RIGHT JOIN DEPT
ON EMP.DEPTNO = DEPT.DEPTNO;
```

或

```
SELECT ENAME,SAL,DNAME
FROM EMP,DEPT
WHERE EMP.DEPTNO( + ) = DEPT.DEPTNO;
```

结果为

```
ENAME         SAL          DNAME
----------    ----------   --------------------------
```

KING	5000	ACCOUNTING
MILLER	1300	ACCOUNTING
CLARK	2450	ACCOUNTING
SMITH	800	RESEARCH
FORD	3000	RESEARCH
ADAMS	1100	RESEARCH
SCOTT	3000	RESEARCH
JONES	2975	RESEARCH
JAMES	950	SALES
ALLEN	1600	SALES
BLAKE	2850	SALES
MARTIN	1250	SALES
TURNER	1500	SALES
WARD	1250	SALES
		OPERATIONS

3）完全外连接

完全外连接是连接时把左表和右表中舍弃的记录也一并输出，完全外连接的连接短语为 FULL［OUTER］JOIN。

例：查询雇员的姓名、工资和所在部门名称，没有属于任何部门的雇员及没有任何雇员的部门。

```
SELECT ENAME,SAL,DNAME
FROM EMP FULL JOIN DEPT
ON EMP.DEPTNO = DEPT.DEPTNO;
```

结果为

ENAME	SAL	DNAME
李萍	3500	
SMITH	800	RESEARCH
ALLEN	1600	SALES
WARD	1250	SALES
JONES	2975	RESEARCH
MARTIN	1250	SALES
BLAKE	2850	SALES
CLARK	2450	ACCOUNTING
SCOTT	3000	RESEARCH
KING	5000	ACCOUNTING
TURNER	1500	SALES
ADAMS	1100	RESEARCH
JAMES	950	SALES
FORD	3000	RESEARCH
MILLER	1300	ACCOUNTING
		OPERATIONS

4.3.3　子查询

视频讲解

如果执行一个查询时用到另一个查询结果，这时应该怎么办？例如，查询与 SCOTT 在同一个部门的雇员姓名。这个问题怎么解决？首先要查出 SCOTT 的部门号，然后再查与该部门号相同的雇员姓名。这个问题中第二个查询用到了第一个查询的结果,可以把第一个查询放在第二个查询里,这就是嵌套查询,也称为子查询。SELECT-FROM-WHERE 语句称为一个查询块,如果将一个查询块嵌套在另一个查询块的 WHERE 子句或 HAVING 短语的条件中的查询称为嵌套查询,子查询的一般形式为

```
SELECT selectlist1
FROM table_name1
WHERE expr operator
                (SELECT selectlist2
                FROM table_name2);
```

下面的查询称为子查询或内查询,上面的子查询称为父查询或外查询。其中,expr operator 可以使用比较运算符(=,<,>,>=,<=,!=),也可以使用 IN、ANY、ALL、EXISTS 谓词。

1. 单行子查询

子查询结果返回的是一行的子查询称为单行子查询,可以返回单行单字段,也可以返回单行多字段。如果子查询返回多字段,则对应的比较条件中也应该出现多字段。

1) 单行单字段

例:查询与 SCOTT 在同一个部门的雇员姓名。

```
SELECT ENAME
FROM EMP
WHERE DEPTNO IN(SELECT DEPTNO
                FROM EMP
                WHERE ENAME = 'SCOTT');
```

或:

```
SELECT ENAME
FROM EMP
WHERE DEPTNO = (SELECT DEPTNO
                FROM EMP
                WHERE ENAME = 'SCOTT');
```

2) 单行多字段

例:查询与 SCOTT 在同一个部门且职务相同的雇员姓名。

```
SELECT ENAME
FROM EMP
WHERE(DEPTNO,JOB) IN(SELECT DEPTNO,JOB
                     FROM EMP
                     WHERE ENAME = 'SCOTT');
```

或:

```
SELECT ENAME
FROM EMP
```

```
WHERE(DEPTNO,JOB) = (SELECT DEPTNO,JOB
                          FROM EMP
                          WHERE ENAME = 'SCOTT');
```

从以上例子可以看出,IN 谓词可以用=代替。当子查询的结果为单行时,可以使用=、<、>、>=、<=、!=等比较运算符进行父查询和子查询的连接。

2. 多行子查询

子查询返回多行的查询称为多行子查询。多行子查询可以返回多行单字段,也可以返回多行多字段,如果子查询返回多字段,则对应的比较条件中也应该出现多字段。多行子查询可以使用 IN、ANY、ALL、EXISTS 等谓词。

1) IN 谓词

IN 是用来检测和集合列表里某个值相同的运算。

例:查询工资大于 2000 的雇员的雇员经理。

```
SELECT MGR
FROM EMP
WHERE EMPNO IN(SELECT EMPNO
                   FROM EMP
                   WHERE SAL > 2000);
```

例:查询工资在 1500 元以下且与工资大于 1500 元的雇员的职务、部门相同的雇员姓名。

```
SELECT ENAME
FROM EMP
WHERE(DEPTNO,JOB) IN(SELECT DEPTNO,JOB
                          FROM EMP
                          WHERE SAL > 1500)
        AND  SAL <= 1500;
```

2) ANY、ALL 谓词

ANY 表示任意一个值,ALL 表示所有值。ANY 和 ALL 必须和比较运算符(=,<,>,>=,<=,!=)配合使用。

例:查询比 30 部门某个雇员工资高的雇员编号、雇员姓名和雇员工资。

```
SELECT EMPNO,ENAME,SAL
FROM EMP
WHERE SAL > ANY(SELECT SAL
                   FROM EMP
                   WHERE DEPTNO = 30);
```

例:查询比 30 部门所有雇员工资高的雇员编号、雇员姓名和雇员工资。

```
SELECT EMPNO,ENAME,SAL
FROM EMP
WHERE SAL > ALL(SELECT SAL
                   FROM EMP
                   WHERE DEPTNO = 30);
```

3）EXISTS 谓词

EXISTS 谓词称为存在谓词，用来检测子查询结果是否存在某些行，如果子查询非空（至少有一行），则该谓词返回逻辑真，否则返回逻辑假。

例：查询在 SALES 部门工作的雇员姓名。

```
SELECT EMPNO, ENAME
FROM EMP
WHERE EXISTS(SELECT *
             FROM DEPT
             WHERE EMP.DEPTNO = DEPT.DEPTNO
                  AND DNAME = 'SALES');
```

EXISTS 后的子查询，其目标字段通常用 * ，因为带 EXISTS 的子查询只返回逻辑真和逻辑假，只关心有没有行，不关心有哪些字段，给出字段名无实际意义。

3. 替代表达式的子查询

如果子查询出现在 SELECT 后的字段列表中称为替代表达式的子查询。

例：查询在部门 30 工作的雇员编号、雇员姓名，部门 30 的平均工资。

```
SELECT EMPNO, ENAME,
     (SELECT AVG(SAL)
      FROM EMP
      WHERE DEPTNO = 30) 部门 30 的平均工资
FROM EMP
WHERE DEPTNO = 30;
```

结果为

```
    EMPNO       ENAME      部门 30 的平均工资
---------- ---------- ----------------
     7499       ALLEN      1566.66667
     7521       WARD       1566.66667
     7654       MARTIN     1566.66667
     7698       BLAKE      1566.66667
     7844       TURNER     1566.66667
     7900       JAMES      1566.66667
```

4. 在 FROM 子句中使用子查询

在 FROM 子句中也可以使用子查询，如果子查询出现在 FROM 子句中，这种子查询生成的表为临时派生表，这种查询称为基于派生表的查询。

例：查询部门中超过该部门平均工资的雇员编号、雇员姓名。

```
SELECT EMPNO, ENAME
FROM EMP,(SELECT DEPTNO, AVG(SAL) AS  AVG_SAL
          FROM EMP
          GROUP BY DEPTNO)  AVGSAL_EMP
WHERE EMP.DEPTNO = AVGSAL_EMP.DEPTNO
      AND SAL > AVGSAL_EMP.AVG_SAL;
```

4.3.4 集合查询

SELECT 语句的查询结果是记录的集合,多个 SELECT 查询结果可以进行集合运算,参加集合运算的结果必有相同的字段个数,对应的字段类型也必须相同。常用的集合运算符如表 4-16 所示。

表 4-16 集合运算符

运 算 符	描 述
UNION	并集,返回两个查询结果的所有行,但去掉重复行
UNION ALL	并集,返回两个查询结果的所有行,保留所有重复行
MINUS	差集,返回两个查询结果中所共有的行
INTERSECT	交集,从第一个查询结果返回的行中减去第二个查询结果返回的行

1. UNION

例：查询部门 10 和部门 20 的雇员信息的并集。

```
SELECT *
FROM EMP
WHERE DEPNO = 10
UNION
ELECT *
FROM EMP
WHERE DEPNO = 20;
```

等价于：

```
SELECT *
FROM EMP
WHERE DEPNO = 10 OR DEPTNO = 20
```

例：查询雇员职务为 CLERK 的部门编号与职务为 SALESMAN 的部门编号的并集。

```
SELECT DEPTNO
FROM EMP
WHERE JOB = 'CLERK'
UNION ALL
SELECT DEPTNO
FROM EMP
WHERE JOB = 'SALESMAN';
```

等价于：

```
SELECT DEPTNO
FROM EMP
WHERE JOB = 'CLERK ' OR JOB = 'SALESMAN';
```

2. MINUS

例：查询没有员工的部门编号。

```
SELECT DEPTNO
FROM DEPT
MINUS
SELECT DEPTNO
FROM EMP;
```

等价于：

```
SELECT DEPTNO
FROM DEPT
WHERE DEPTNO NOT IN(SELECT DEPTNO
                    FROM EMP);
```

3. INTERSECT

例：查询雇员职务为 CLERK 的部门编号与职务为 SALESMAN 的部门编号的交集。

```
SELECT DEPTNO
FROM EMP
WHERE JOB = 'CLERK'
INTERSECT
SELECT DEPTNO
FROM EMP
WHERE JOB = 'SALESMAN';
```

等价于：

```
SELECT DEPTNO
FROM EMP
WHERE JOB = 'CLERK' AND DEPTNO IN(SELECT DEPTNO
                                  FROM EMP
                                  WHERE JOB = 'SALESMAN');
```

视频讲解

4.3.5 TOP N

如果要获得查询结果的前几行，应该怎么处理呢？Oracle 11g 需要借助一个伪列 ROWNUM 实现 TOP N 的功能。ROWNUM 物理上是不存在的，是在查询过程中自动生成的，所以称为伪列。

例：返回前 3 行的雇员信息。

```
SELECT *
FROM EMP
WHERE ROWNUM <= 3;
```

例：查询工资最高的 3 个雇员信息。以下的查询语句可以吗？

```
SELECT *
FROM EMP
ORDER BY SAL DESC
WHERE ROWNUM > = 3;
```

显然以上这个查询语句是错误的,因为 ORDER BY 只能放到查询语句的最后一行。正确的查询语句如下。

```
SELECT *
FROM (SELECT *
      FROM EMP
      ORDER BY SAL DESC)
WHERE ROWNUM > = 3;
```

在 Oracle 11g 以后的版本中引入了 OFFSET 子句和 FETCH 子句来实现 TOP N 的功能,其一般格式如下。

```
SELECT[ALL|DISTINCT]select_list
FROM [schema.]table_name|[schema.]view_name[,[schema.]table_name|[schema.]
     view_name]…
[WHERE search_condition ]
[ORDER BY order_expression[ASC|DESC]]
[OFFSET offset {ROW|ROWS}]
[FETCH{FIRST|NEXT}[rowcount|percent PERCENT]  {ROW|ROWS}{ONLY|WITH TIES}]
```

1. OFFSET 子句

OFFSET 子句指定在行限制开始之前要跳过的行数。OFFSET 子句是可选的。offset 必须是一个数字或一个表达式,其值为一个数字,显示检索结果时从 offset+1 开始,如果跳过它,则 offset 为 0,行限制从第一行开始计算。offset 必须遵守以下规则。

如果 offset 是负值,则将其视为 0。

如果 offset 为 NULL 或大于结果集的行数,则不返回任何行。

如果 offset 包含一个分数,则分数部分被截断。

关键字 ROW 或 ROWS 使该子句的语义更明确,明确偏移量的单位为行。用 ROW 或 ROWS 都可以,并且必须选一项,不能省略。

例: 查询工资最高的 3 个雇员信息,按工资降序排序显示。

```
SELECT *
FROM EMP
ORDER BY SAL DESC
OFFSET 3 ROWS;
```

2. FETCH 子句

FETCH 子句指定要返回的行数或百分比。如果没有 FETCH 子句,那么返回所有的行;如果使用了 OFFSET 子句,则 FETCH 子句结果从 offset+1 行开始显示。

关键字 FIRST 或 NEXT 使 FETCH 子句语义更清晰,用哪个都可以,并且必须选一项,不能省略。

rowcount|percent PERCENT 用来指定返回的行数或行数的百分比,可以省略。rowcount 与 OFFSET 子句中 offset 的意义相同,用来指定返回结果的行数;percent PERCENT 用来指定返回行数的百分比,使用百分比的时候 PERCENT 不能省略;若省略此选项,即没有返回的行数或百分比,则返回 1 行。

关键字 ROW 和 ROWS 与 OFFSET 子句中的含义相同。

关键字 ONLY 或 WITH TIES 是必选项,二者必选其一。指定 ONLY 选项仅返回 FETCH NEXT(或 FIRST)后的行数或行数的百分比;如果指定 WITH TIES,则返回与最后一行相同的排序键;如果使用 WITH TIES,则必须在查询中指定一个 ORDER BY 子句。如果不这样做,查询将不会返回额外的行。

例:查询工资最高的 3 个雇员信息,按工资降序排序显示。

```
SELECT *
FROM EMP
ORDER BY SAL DESC
FETCH FIRST 3 ROWS ONLY;
```

4.3.6　开窗函数

开窗函数(又名分析函数、窗口函数、OLAP 函数)是 Oracle 系统自带函数中的一种,是 Oracle 专门用来解决具有复杂统计需求的函数,它可以对数据进行分组,然后基于组中数据进行分析统计,最后在每组数据集中的每一行中返回这个统计值。

Oracle 开窗函数不同于分组统计(GROUP BY),GROUP BY 只能按照分组字段返回一个固定的统计值,但是不能在原来的数据行上带上这个统计值,而 Oracle 开窗函数正是 Oracle 专门解决这类统计需求所开发出来的函数,其语法格式如下。

分析函数名()OVER([PARTITION BY value_express, … [n]])

OVER()是开窗函数的一个标志,PARTITION BY value_express 是 PARTITION BY 指定进行数据分组的表达式。其中的分析函数可以为以下几种。

聚集类分析函数:SUM()、AVG()、MAX()、MIN()、COUNT(),功能与集函数相同。

排序类分析函数:ROW_NUMBER()、RANK()、DENSE_RANK()。

偏移类分析函数:LAG()、LEAD()。

1. 聚集类分析函数

例:查询每个部门的部门编号、部门名称以及每个部门的平均工资和最高工资。

```
SELECT DISTINCT DEPT.DEPTNO,DNAME,
       AVG(SAL) OVER(PARTITION BY DEPT.DEPTNO),
       MAX(SAL) OVER(PARTITION BY DEPT.DEPTNO)
FROM EMP,DEPT
WHERE EMP.DEPTNO = DEPT.DEPTNO;
```

2．排序类分析函数

1）RANK()

对结果集排序时(有并列时)排名序号不连续显示,其语法格式如下。

RANK( ) OVER([PARTITION BY value_express, … [n] < order_by_clause >)

例：查询每个部门的部门编号、雇员编号、工资,同一部门按工资降序排序并指定排名序号。

SELECT DEPTNO,EMPNO,SAL,RANK( )OVER(PARTITION BY DEPTNO ORDER BY SAL DESC) FROM EMP;

结果为

DEPTNO	EMPNO	SAL	RANK( )OVER(PARTITION BY DEPTNO ORDER BY SAL DESC)
10	7839	5000	1
10	7782	2450	2
10	7934	1300	3
20	7788	3000	1
20	7902	3000	1
20	7566	2975	3
20	7876	1100	4
20	7369	800	5
30	7698	2850	1
30	7499	1600	2
30	7844	1500	3
30	7654	1250	4
30	7521	1250	4
30	7900	950	6

2）DENSE_RANK()

对结果集排序时(有并列时)排名序号连续显示,其语法格式如下。

RANK( ) OVER([PARTITION BY value_express, … [n] < order_by_clause >)

例：查询每个部门的部门编号、雇员编号、工资,同一部门按工资降序排序并指定排名序号。

SELECT DEPTNO,EMPNO,SAL, DENSE_RANK( )OVER(PARTITION BY DEPTNO ORDER BY SAL DESC)
FROM EMP;

结果为

DEPTNO	EMPNO	SAL	DENSE _RANK( )OVER(PARTITION BY DEPTNO ORDER BY SAL DESC)
10	7839	5000	1
10	7782	2450	2
10	7934	1300	3
20	7788	3000	1
20	7902	3000	1
20	7566	2975	2

20	7876	1100	3
20	7369	800	4
30	7698	2850	1
30	7499	1600	2
30	7844	1500	3
30	7654	1250	4
30	7521	1250	4
30	7900	950	5

3）NTILE()

对结果集排序时，把排名限制在某个编号以内，其语法格式如下。

```
NTILE(integer_expression) OVER([PARTITION BY value_express, …[n]
                                    <order_by_clause>)
```

例：查询每个部门的部门编号、雇员编号、工资，同一部门按工资降序排序并指定排名序号。

```
SELECT DEPTNO,EMPNO,SAL,NTILE(4)OVER(PARTITION BY DEPTNO ORDER BY SAL DESC) FROM EMP;
```

结果为

DEPTNO	EMPNO	SAL	NTILE(4)OVER(PARTITION BY DEPTNO ORDER BY SAL DESC)
10	7839	5000	1
10	7782	2450	2
10	7934	1300	3
20	7788	3000	1
20	7902	3000	1
20	7566	2975	2
20	7876	1100	3
20	7369	800	4
30	7698	2850	1
30	7499	1600	1
30	7844	1500	2
30	7654	1250	2
30	7521	1250	3
30	7900	950	4

4）ROW_NUMBER()

对结果集排序时，显示每个分区内行的行号，从 1 开始。

例：查询每个部门的部门编号、雇员编号、工资，同一部门按工资降序排序并指定排名序号。

```
SELECT DEPTNO,EMPNO,SAL,ROW_NUMBER()OVER(PARTITION BY DEPTNO ORDER BY SAL DESC) FROM EMP;
```

结果为

DEPTNO	EMPNO	SAL	ROW_NUMBER()OVER(PARTITION BY DEPTNO ORDER BY SAL DESC)
10	7839	5000	1
10	7782	2450	2
10	7934	1300	3

20	7788	3000	1
20	7902	3000	2
20	7566	2975	3
20	7876	1100	4
20	7369	800	5
30	7698	2850	1
30	7499	1600	2
30	7844	1500	3
30	7654	1250	4
30	7521	1250	5
30	7900	950	6

3. 偏移类分析函数

1) LAG()

LAG()可以在不使用自连接的情况下同时访问到一个表的多行数据。给出一个或多个字段名和一个偏移量,LAG 可以访问当前行之前的行,行之间间隔的行数为位移值,其语法格式如下。

```
LAG(clause_name,offset,[number]) OVER([PARTITION BY value_express, … [n]
                                      < order_by_clause >)
```

例:查询每个部门的部门编号、雇员编号、工资,同一部门按工资升序排序,按工资向前偏移 1 行。

```
SELECT DEPTNO,EMPNO,SAL,LAG(SAL,1)OVER(PARTITION BY DEPTNO ORDER BY SAL) FROM EMP;
```

结果为

DEPTNO	EMPNO	SAL	LAG(SAL,1)OVER(PARTITION BY DEPTNO ORDER BY SAL)
10	7934	1300	
10	7782	2450	1300
10	7839	5000	2450
20	7369	800	
20	7876	1100	800
20	7566	2975	1100
20	7788	3000	2975
20	7902	3000	3000
30	7900	950	
30	7654	1250	950
30	7521	1250	1250
30	7844	1500	1250
30	7499	1600	1500
30	7698	2850	1600

或

```
SELECT DEPTNO,EMPNO,SAL,LAG(SAL,1,10.5)OVER(PARTITION BY DEPTNO ORDER BY SAL)
FROM EMP;
```

结果为

DEPTNO	EMPNO	SAL	LAG(SAL,1,10.5)OVER(PARTITION BY DEPTNO ORDER BY SAL)
10	7934	1300	**10.5**
10	7782	2450	1300
10	7839	5000	2450
20	7369	800	**10.5**
20	7876	1100	800
20	7566	2975	1100
20	7788	3000	2975
20	7902	3000	3000
30	7900	950	**10.5**
30	7654	1250	950
30	7521	1250	1250
30	7844	1500	1250
30	7499	1600	1500
30	7698	2850	1600

2）LEAD()

LEAD()可以访问当前行之后的行，行之间间隔的行数为位移值，其语法格式如下。

```
LEAD(clause_name,offset,[number]) OVER([PARTITION BY value_express, …[n]
                                      <order_by_clause>)
```

例：查询每个部门的部门编号、雇员编号、工资，同一部门按工资升序排序，按工资向后偏移 1 行。

```
SELECT DEPTNO,EMPNO,SAL,LEAD(SAL,1)OVER(PARTITION BY DEPTNO ORDER BY SAL) FROM EMP;
```

结果为

DEPTNO	EMPNO	SAL	LEAD(SAL,1)OVER(PARTITION BY DEPTNO ORDER BY SAL)
10	7934	1300	2450
10	7782	2450	5000
10	7839	5000	
20	7369	800	1100
20	7876	1100	2975
20	7566	2975	3000
20	7788	3000	3000
20	7902	3000	
30	7900	950	1250
30	7654	1250	1250
30	7521	1250	1500
30	7844	1500	1600
30	7499	1600	2850
30	7698	2850	

或

```
SELECT DEPTNO,EMPNO,SAL,LEAD(SAL,1,10.5)OVER(PARTITION BY DEPTNO ORDER BY SAL)
FROM EMP;
```

结果为

```
DEPTNO    EMPNO     SAL     LEAD(SAL,1,10.5)OVER(PARTITION BY DEPTNO ORDER BY SAL)
-------   -------   -----   ------------------------------------------------------
    10     7934     1300                        2450
    10     7782     2450                        5000
    10     7839     5000                        10.5
    20     7369      800                        1100
    20     7876     1100                        2975
    20     7566     2975                        3000
    20     7788     3000                        3000
    20     7902     3000                        10.5
    30     7900      950                        1250
    30     7654     1250                        1250
    30     7521     1250                        1500
    30     7844     1500                        1600
    30     7499     1600                        2850
    30     7698     2850                        10.5
```

习题

1. 简述 SQL 的特点。

2. SQL 的书写规则有哪些?

3. TRUNCATE TABLE 和 DELETE 命令有什么区别?

4. 使用 Oracle SQL 创建表的命令创建如下三个表。

(1) 建立部门表 DEPART,其结构如表 4-17 所示。

表 4-17　部门表 DEPART

字　段　名	字 段 类 型	字 段 宽 度	说　　明
部门号(Deptno)	varchar	2	主键
部门名(Dname)	nChar	10	

(2) 建立职工表 WORKER,其结构如表 4-18 所示。

表 4-18　职工表 WORKER

字　段　名	字 段 类 型	字 段 宽 度	说　　明
职工号(Empno)	varchar	12	
姓名(Ename)	nChar	8	
性别(Esex)	char	2	
出生日期(Edate)	date		
党员否(Emember)	char	2	
参加工作(Ework)	date		
电话(phone)	varchar	11	
部门号(Deptno)	varchar	2	

(3) 建立职工工资表 SALARY,其结构为如表 4-19 所示,主键为(职工号,日期)。

表 4-19   职工工资表 SALARY

字　段　名	字 段 类 型	字 段 宽 度	说　　明
职工号（Empno）	varchar	12	主键
日期（SALdate）	date		主键
工资（Pay）	number	6,1	

5. 使用 Oracle SQL 中的 INSERT 命令在 WORKER、DEPART 和 SALARY 表中插入如下对应的记录。

（1）在 DEPART 表中输入如表 4-20 所示记录。

表 4-20   DEPART 表记录

部　门　号	部　门　名
1	财务处
2	人事处
3	市场部

（2）在 WORKER 表中输入如表 4-21 所示记录。

表 4-21   WORKER 表记录

职工号 （Empno）	姓名 （Ename）	性别 （Esex）	出生日期 （Edate）	党员否 （Emember）	参加工作 （Ework）	电话 （phone）	部门号 （Deptno）
Z001	孙华	男	01/03/70	是	10/10/92	13869912345	1
Z002	陈明	男	05/08/69	否	01/01/91	13910276587	2
Z003	程西	女	06/10/80	否	07/10/03	13301012568	3
Z004	孙天奇	女	03/10/65	是	07/10/87	13005394132	2
Z005	刘夫文	男	01/11/72	否	08/10/95	13653967321	3
Z006	刘欣	男	10/08/82	否	01/10/04	15263971901	1

（3）在 SALARY 表中输入如表 4-22 所示记录。

表 4-22   SALARY 表记录

职　工　号	日　　期	工　　资
Z001	01/04/22	1201.5
Z002	01/04/22	1350.6
Z003	01/04/23	750.8
Z004	01/04/22	900.0
Z005	01/04/23	2006.8
Z006	01/04/22	1250.0
Z002	02/04/23	725.0
Z004	02/04/22	728.0

6. 使用 Oracle SQL 中查询命令完成如下查询。

（1）显示所有职工的年龄。

（2）显示所有职工的姓名和 2022 年 1 月份工资数。

（3）显示所有职工的职工号、姓名、部门名和 2023 年 2 月份工资，并按部门名顺序排列。

（4）显示所有平均工资高于 1200 的部门名和对应的平均工资。

（5）查询自己学号对应的职工号、姓名、部门号、部门名和工资。

（6）按性别和部门名列出相应的平均工资。

（7）显示最高工资对应的职工号、姓名、部门名、工资发放日期和工资。

（8）显示所有工资低于全部职工平均工资对应的职工号和姓名。

（9）把 3 号部门的部门名称改为"市场经营部"。

（10）删除"孙天奇""02/04/22"的工资记录。

第 **5** 章

数据库完整性

CHAPTER **5**

学习目标
- 理解数据库完整性的概念。
- 掌握 Oracle 各种约束的类型。
- 熟练掌握 Oracle 各种约束的创建方法。

　　数据库完整性指的是数据的正确性和相容性。正确性是指数据是符合现实世界语义，反映了当前实际状况的。相容性是指数据库同一对象在不同关系表中的数据是符合逻辑的。在数据库中存储的数据，必须保证数据的完整性。完整性通过一组完整性规则来约束，而完整性规则是对关系的某种约束条件，Oracle 使用完整性约束防止不合法的数据写入数据库。本章首先讲解数据库完整性的概念，然后讲解 Oracle 各种约束的创建方法及查看方法。

🔑 5.1　完整性概述

　　Oracle 完整性约束可以分为实体完整性、域完整性、参照完整性、用户定义的完整性4 类。

5.1.1　实体完整性

　　实体完整性指的是如果一个字段是主键字段，则此字段不能取空值（NULL）。

　　例如，EMP 表中雇员编号 EMPNO 为主键，则该字段在输入时不能取空（NULL），如表 5-1 所示。

表 5-1　EMP 表

雇员编号 EMPNO	雇员姓名 ENAME	雇员职务 JOB	雇员经理编号 MGR	雇员雇佣日期 HIREDATE	雇员工资 SAL	雇员津贴 COMM	部门编号 DEPTNO
7369	SMITH	CLERK	7902	17-12 月-80	800		20
7499	ALLEN	SALESMAN	7698	20-2 月-81	1600	300	30
7521	WARD	SALESMAN	7698	22-2 月-81	1250	500	30
7566	JONES	MANAGER	7839	02-4 月-81	2975		20
7654	MARTIN	SALESMAN	7698	28-9 月-81	1250	1400	30
7698	BLAKE	MANAGER	7839	01-5 月-81	2850		30
7782	CLARK	MANAGER	7839	09-6 月-81	2450		10
7788	SCOTT	ANALYST	7566	19-4 月-87	3000		20
7839	KING	PRESIDENT		17-11 月-81	5000		10
7844	TURNER	SALESMAN	7698	08-9 月-81	1500	0	30
7876	ADAMS	CLERK	7788	23-5 月-87	1100		20

5.1.2　域完整性

　　域完整性指的是数据类型、范围、长度等约束。

　　例如，表 5-1 所示 EMP 表的定义如下。

```
名称        是否为空?                类型
-------    --------    ------------------------------------
EMPNO      NOT NULL                 NUMBER(4)
```

```
ENAME                        VARCHAR2(10)
JOB                          VARCHAR2(9)
MGR                          NUMBER(4)
HIREDATE                     DATE
SAL                          NUMBER(7,2)
COMM                         NUMBER(7,2)
DEPTNO                       NUMBER(2)
```

EMP 表中的字段类型、长度这些定义都是指域完整性的定义。

5.1.3　参照完整性

1. 外键

一个字段或一组字段不是表 R 的主键，但它和另外一个表 S 的主键相对应，则该字段或字段组合为 R 的外键。

例如，表 5-1 所示 EMP 表中的 DEPTNO 不是 EMP 的主键，但是它和另一表 DEPT 表中的 DEPTNO 相对应（EMP 表中的 DEPTNO 的值都取自 DEPT 表中的 DEPNO 字段）。DEPT 表如表 5-2 所示。

表 5-2　DEPT 表

部门编号 DEPTNO	部门名称 DNAME	所在城市 LOC
10	ACCOUNTING	NEW YORK
20	RESEARCH	DALLAS
30	SALES	CHICAGO
40	OPERATIONS	BOSTON

2. 参照完整性

若一个表的外键和另一个表的主键相对应，则该表在外键上的取值为：或者取空值（NULL）（外键的每个属性值均为空值），或者等于另外一个表的某个元组的主键值。

例如，表 5-1 所示 EMP 表中的外键 DEPTNO 的取值，或者取 NULL 表示没有所属的部门，或者取自表 5-2 所示 DEPT 表中的 DEPTNO 中的某一个字段值（10，20，30，40）。

5.1.4　用户定义的完整性

用户定义的完整性指的是用户根据某一具体应用设置的约束条件。Oracle 中必须提供这样的定义机制，来实现用户定义的约束条件。

例：表 5-1 所示 EMP 表中如果定义 COMM 在 0～5000 的范围就属于用户定义的完整性约束。

5.2　约束类型

Oracle 数据完整性约束可以分为主键(PRIMARY KEY)、非空(NOT NULL)、唯一(UNIQUE)、检查(CHECK)约束和外键(FOREIGN KEY)约束 5 种类型。一个约束条件根据具体情况,可以在列级或表级定义。列级约束约束表的某一字段,出现在表的某一字段,或出现在表的某字段定义之后,约束条件只对该字段起作用。表级约束约束表的一个字段或多个字段,如果涉及多个字段,则必须在表级定义。表级约束出现在所有字段定义之后。

Oracle 数据完整性约束可以通过使用 CREATE TABLE 语句定义,也可以创建表之后使用 ALTER TABLE 添加、修改或删除。

5.2.1　主键约束

视频讲解

候选键是唯一标识表中每一条记录的字段或字段组合。若一个表有多个候选键,则选定其中一个为主键,定义主键的子句为 PRIMARY KEY。指定了主键后,包含在主键里的字段为主键字段,主键字段不为空,主键值唯一。

1. 创建表的定义

创建表时需要定义主键约束,其语法格式如下。

```
CREATE TABLE [schema.]table_name(column datatype [DEFAULT expr]
        [[CONSTRAINT constraint_name]PRIMARY KEY],          -- 列级约束
                ...
[[CONSTRAINT constraint_name] PRIMARY KEY(colum1,colum2,…)]);   -- 表级约束
```

例:创建学生表 STUDENT,包括学号(Sno)、姓名(Sname)、Sage(年龄)、性别(Ssex)、出生日期(Birthday)、院系(Sdept)等学生信息。其中,学号(Sno)为主键。

```
CREATE TABLE STUDENT
(Sno char(6) PRIMARY KEY,
Sname varchar2(8),
Sage number(2,0),
Ssex char(2),
Birthday date,
Sdept char(20));
```

Sno 没有提供主键约束的名字,系统会自动为该约束提供一个名字,如果指定一个约束名,需要使用 CONSTRAINT 关键字。

如果为 Sno 主键约束指定约束名为 PK_Sno,上面的例子可使用如下命令。

```
CREATE TABLE STUDENT
(Sno char(6) CONSTRAINT PK_Sno PRIMARY KEY,
Sname varchar2(8),
Sage number(2,0),
```

```
Ssex char(2),
Birthday date,
Sdept char(20));
```

上面的例子主键约束定义都是列级的，也可以使用表级约束来定义，命令如下。

```
CREATE TABLE STUDENT
(Sno char(6),
Sname varchar2(8),
Sage number(2,0),
Ssex char(2),
Birthday date,
Sdept char(20),
CONSTRAINT PK_Sno PRIMARY KEY(Sno));
```

例：创建一选课表 SC，包括学号（Sno）、课程号（Cno）、成绩（Grade），主键为（Sno，Cno）。

```
CREATE TABLE SC
(Sno varchar(12),
 Cno varchar(3),
 Grade number(3,0),
CONSTRAINT PK_SC PRIMARY(Sno,Cno));
```

该例中的主键（Sno，Cno）定义在表级。当主键为多字段时，主键约束必须定义在表级。

2. 使用 ALTER TABLE

创建表之后可以使用 ALTER TABLE 添加或删除主键约束，向已有表中添加主键约束时，表中的主键值不能有重复的值，表中的主键字段不能有 NULL，删除约束时必须指定要删除的约束名称，语法格式如下。

```
ALTER TABLE table_name
ADD [CONSTRAINT constraint_name] PRIMARY KEY(colum1,colum2,…)
[DROP CONSTRAINT constraint_name]
```

例：为 SC 表添加主键约束（Sno，Cno）。

```
ALTER TABLE SC ADD PRIMARY KEY(Sno,Cno);
```

也可以指定约束名称 PK_SnoCno。

```
ALTER TABLE SC ADD CONSTRAINT PK_SnoCno PRIMARY KEY(Sno,Cno);
```

例：删除 SC 表的主键约束 PK_SnoCno。

```
ALTER TABLE SC DROP CONSTRAINT PK_SnoCno;
```

5.2.2 非空约束

非空约束指定某字段不能取空值（NULL），它只能在列级定义。在默认情况下，

Oracle 允许字段的内容为空值,定义非空约束的子句为 NOT NULL。

1. 创建表的定义

创建表时需要定义非空约束,其语法格式如下。

```
CREATE TABLE [schema.]table_name(column datatype[DEFAULT expr]
        [[CONSTRAINT constraint_name] NOT NULL], -- 列级约束
                …);
```

例:创建课程表 COURSE,包括课程号(Cno)、课程名(Cname)、学分(Ccredit),要求课程名不能为空。

```
CREATE TABLE COURSE
(Cno char(3) PRIMARY KEY,
Cname varchar2(20) NOT NULL,
Ccredit number(3));
```

2. 使用 ALTER TABLE

创建表之后可以使用 ALTER TABLE 添加或删除非空约束,向已有表中添加非空约束时,相应的字段不能有 NULL,语法格式如下。

```
ALTER TABLE table_name
MODIFY cloumn [CONSTRAINT constraint_name] NOT NULL;
[DROP CONSTRAINT constraint_name]
```

例:给 STUDENT 表的 Sname 字段添加非空约束,约束名为 NOTNULL_Sname。

```
ALTER TABLE STUDENT
MODIFY Sname CONSTRAINT NOTNULL_Sname NOT NULL;
```

例:删除 STUDENT 表 Sname 的非空约束。

```
ALTER TABLE STUDENT
DROP CONSTRAINT NOTNULL_Sname;
```

5.2.3 唯一约束

唯一约束条件要求表的一个字段或多字段的组合内容必须是唯一的,即不能有重复的值。指定了 UNIQUE 的字段如果没有指定 NOT NULL 约束时允许输入 NULL 值,并且可多次输入 NULL 值。Oracle 认为 NULL 不等于任何值。UNIQUE 约束可以定义在列级,也可以定义在表级。但如果唯一约束包含表的多个字段,则必须在表级定义。

1. 创建表时定义

创建表时定义 UNIQUE 约束的语法格式如下。

```
CREATE TABLE [schema.]table_name(column datatype [DEFAULT expr]
            [[CONSTRAINT constraint_name] UNIQUE], -- 列级约束
```

```
                      …
        [[CONSTRAINT constraint_name] UNIQUE(column, … )]); -- 表级约束
```

例：创建课程表 COURSE，包括课程号（Cno）、课程名（Cname）、学分（Ccredit），要求课程名取值唯一。

```
CREATE TABLE COURSE
(Cno char(3) PRIMARY KEY,
Cname varchar2(20) UNIQUE,
Ccredit number(3));
```

2. 使用 ALTER TABLE

创建表之后可以使用 ALTER TABLE 添加或删除唯一约束，向已有表中添加唯一约束时相应的字段不能有重复的值，语法格式如下。

```
ALTER TABLE table_name
ADD [CONSTRAINT constraint_name] UNIQUE(column, … );
[DROP CONSTRAINT constraint_name]
```

例：给 STUDENT 表的 Sname 字段添加唯一约束，约束名为 UNIQUE_Sname。

```
ALTER TABLE STUDENT
ADD CONSTRAINT UNIQUE_Sname UNIQUE(Sname);
```

例：删除 STUDENT 表 Sname 的唯一约束。

```
ALTER TABLE STUDENT
DROP CONSTRAINT UNIQUE_Sname;
```

5.2.4　检查约束

检查约束是用来定义表上的每一行必须满足约束条件，一个字段上的 CHECK 约束可以定义多个。CHECK 约束不能定义在伪列上，可以调用 SYSDATE、USER 等系统函数。一个 CHECK 约束可以包含一个字段或多字段。CHECK 约束可以定义在列级，也可以定义在表级，如果 CHECK 约束包含表的多个字段，则必须在表级定义。

1. 创建表的定义

创建需要定义 CHECK 约束的表，其语法格式如下。

```
CREATE TABLE [schema.]table_name(column datatype [DEFAULT expr]
        [[CONSTRAINT constraint_name] CHECK(condition)],   -- 列级约束
            …
        [[CONSTRAINT constraint_name] CHECK(condition)]); -- 表级约束
```

例：创建学生表 STUDENT，包括学号（Sno）、姓名（Sname）、Sage（年龄）、性别（Ssex）、出生日期（Birthday）、院系（Sdept）等学生信息。其中，学号（Sno）为主键，性别只能输入'男'或'女'。

```
CREATE TABLE STUDENT
(Sno char(6) PRIMARY KEY,
Sname varchar2(8),
Sage number(2,0),
Ssex char(2) CONSTRAINT CH_Ssex CHECK(Ssex = '男' or Ssex = '女'),
Birthday date,
Sdept char(20));
```

2. 使用 ALTER TABLE

创建表之后可以使用 ALTER TABLE 添加或删除检查约束,向已有表中添加检查约束时现有表中的数据必须满足定义的条件,否则禁止添加,语法格式如下。

```
ALTER TABLE table_name
ADD [CONSTRAINT constraint_name] CHECK(condition);
[DROP CONSTRAINT constraint_name]
```

例:为 SC 表中的 Grade 添加一个检查约束 CH_Grade,限制 Grade 的取值范围为 0~100。

```
ALTER TABLE SC
ADD CONSTRAINT CH_Grade CHECK(Grade BETWEEN 0 AND 100);
```

例:删除 SC 表的检查约束 CH_Grade。

```
ALTER TABLE SC
DROP CONSTRAINT CH_Grade;
```

5.2.5　外键约束

视频讲解

通过使用公共字段在表之间建立一种父子关系,在表上定义的外键可以指向主键或者其他表的唯一键。定义外键约束(FOREIGN KEY)必须用 REFERENCES 指定所参照的表及字段,REFERENCES 所参照的表为父表或主表,外键所在的表为子表或从表。外键约束可以定义在列级,也可以定义在表级。

创建表时定义外键约束的语法格式如下。

```
CREATE TABLE [schema.]table_name(column datatype [DEFAULT expr]
[[CONSTRAINT constraint_name] REFERENCES table_name(column)[ON DELETE CASCADE|ON DELETE
SET NULL]],   -- 列级约束
        …
[[CONSTRAINT constraint_name] FOREIGN KEY(column1,column2,…) REFERENCES table_name
(column1,column2,…)[ON DELETE CASCADE|ON DELETE SET NULL]]); -- 表级约束
```

ALTER TABLE 的语法格式如下。

```
ALTER TABLE table_name
ADD [CONSTRAINT constraint_name] FOREIGN KEY(column1,column2,…) REFERENCES table_name
(column1,column2,…)[ON DELETE CASCADE|ON DELETE SET NULL];
[DROP CONSTRAINT constraint_name]
```

其中，ON DELETE CASCADE、ON DELETE SET NULL 为外键规则子句，可以省略，省略时，也就是 Oracle 的基本参照规则：禁止改变从表中的外键值（此值在主表中主键中不存在）；禁止修改在从表中有对应记录的主表记录的主键值；禁止删除在从表中有对应记录的主表记录。

ON DELETE CASCADE：如果子表中子记录存在，则删除主表中的主记录时，级联删除子记录。

ON DELETE SET NULL：如果子表中子记录存在，则删除主表中的主记录时，将子记录（外键值）置成空。

1. 创建表的定义

例：创建一选课表 SC，包括学号（Sno）、课程号（Cno）、成绩（Grade），主键为（Sno，Cno），同时指定其外键为 Sno，参照 Student 表中的 Sno 字段。

```
    CREATE TABLE SC
    (Sno varchar(12) REFERENCES Student(Sno),
     Cno varchar(3),
     Grade number(3,0),
CONSTRAINT PK_SC PRIMARY(Sno,Cno));
```

2. 使用 ALTER TABLE

创建表之后可以使用 ALTER TABLE 添加或删除外键约束，向已有表中添加外键约束时现有表中的数据必须满足外键约束的条件，否则禁止添加。

例：为 EMP 表中的 EMPNO 字段添加外键约束，参照 DEPT 表中的 DEPTNO，约束名为 FK_DEP_DEPTNO。

```
ALTER TABLE EMP
ADD CONSTRAINT FK_DEP_DEPTNO REFERENCES DEPT(DEPTNO);
```

例：为 EMP 表中的 EMPNO 字段添加外键约束，参照 DEPT 表中的 DEPTNO，约束名为 FK_DEP_DEPTNO_DELETE，参照规则为 ON DELETE CASCADE。

```
ALTER TABLE EMP
ADD CONSTRAINT FK_DEP_DEPTNO_DELETE REFERENCES DEPT(DEPTNO) ON DELETE CASCADE;
```

例：为 EMP 表中的 EMPNO 字段添加外键约束，参照 DEPT 表中的 DEPTNO，约束名为 FK_DEP_DEPTNO_SET_NULL，参照规则为 ON SET NULL。

```
ALTER TABLE EMP
ADD CONSTRAINT FK_DEP_DEPTNO_SET_NULL REFERENCES DEPT(DEPTNO) ON SET NULL;
```

例：删除 EMP 表的外键约束 FK_DEP_DEPTNO。

```
ALTER TABLE EMP
DROP CONSTRAINT FK_DEP_DEPTNO;
```

5.2.6　查看约束

Oracle 约束创建之后,可以查看其约束的定义。用户定义的 Oracle 的约束放在数据字典 USER_CONSTRAINTS 和 USER_CONS_COLUMNS 中。USER_CONSTRAINTS 是用户表的所有约束,USER_CONS_COLUMNS 是用户表的字段对应的约束。

1. 查看某表的所有约束

其语法格式如下。

```
SELECT CONSTRAINT_NAME,CONSTRAINT_TYPE,STATUS
FROM USER_CONSTRAINTS
WHERE TABLE_NAME = '用户表';
```

例：查看 EMP 表的所有约束。

```
SELECT CONSTRAINT_NAME,CONSTRAINT_TYPE,STATUS
FROM USER_CONSTRAINTS
WHERE TABLE_NAME = 'EMP';
```

注意此处的 EMP 一定要用大写字母。

2. 查看某表的所有字段对应的约束

其语法格式如下。

```
SELECT CONSTRAINT_NAME,COLUMN_NAME
FROM USER_CONS_COLUMNS
WHERE TABLE_NAME = '用户表';
```

例：查看 EMP 表上所有列对应的约束。

```
SELECT CONSTRAINT_NAME,COLUMN_NAME
FROM USER_CONS_COLUMNS
WHERE TABLE_NAME = 'EMP';
```

5.2.7　约束状态设置

约束设置完成后如果不再适用表,可以把该约束禁用,如果需要可以再激活。约束有激活(Enable)和禁用(Disable)两种状态。默认情况下,约束创建之后就一直起作用。禁用约束是一种暂时的方法,在禁用约束状态下完成操作之后,还应该设为激活状态。约束定义时使用关键字 DISABLE 来设置为禁用状态,使用关键字 ENABLE 来设置为激活状态。可以使用 CREATE TABLE 和 ALTER TABLE 来设置约束状态,其语法格式如下。

```
CREATE TABLE [schema.]table_name(column datatype [DEFAULT expr]
[[CONSTRAINT constraint_name] constraint_type [ENABLE|DISABLE]],   -- 列级约束
                        ...
[[CONSTRAINT constraint_name] constraint_type [ENABLE|DISABLE]]); -- 表级约束
```

ALTER TABLE 的语法格式如下。

```
ALTER TABLE table_name
[ENABLE|DISABLE] CONSTRAINT constraint_name;
```

例：创建表 DEPT2 时将 DEPTNO 的主键约束设置为禁用。

```
CREATE TABLE DEPT2(
DEPTNO NUMBER(2) CONSTRAINT PK_DEPTNO PRIMARY KEY DISABLE,
DNAME VARCHAR(14),
LOC VARCHAR(13))
```

例：把表 DEPT2 的主键约束 PK_DEPTNO 激活。

```
ALTER TABLE DEPT2
ENABLE CONSTRAINT PK_DEPTNO;
```

习题

1. Oracle 完整性有哪些？试举例说明。

2. 根据第 4 章习题中的 WORKER、DEPART、SALARY 表完成如下问题。

（1）建立 WORKER 和 SALARY 表中的外键约束，约束规则为级联删除。

（2）实施 SALARY 表的"工资"字段值限定有 0～9999 的约束。

（3）实施 WORKER 表的"性别"字段默认值为"男"的约束。

（4）限定 WORKER 表中的 Phone 为 11 位电话号码。

（5）为 WORKER 表和 DEPART 表建立外键约束，约束名为 WD_FK_SETNULL，约束规则为 SET NULL。

（6）删除约束 WD_FK_SETNULL。

第 *6* 章

索引与视图

CHAPTER *6*

学习目标

- 了解索引的概念。
- 掌握索引的创建及管理。
- 了解视图的概念。
- 熟练掌握视图的创建。

数据库的索引（INDEX）类似于图书的目录。在图书中，目录是内容和对应页码的列表，使用目录可以快速查询所需的图书内容。视图（VIEW）就像一个窗口，可以显示数据库中用户所关心的数据。本章首先讲解索引的概念及定义，然后讲解视图的概念及创建方法。

🔑 6.1　索引

6.1.1　索引概述

1. 索引的概念

索引是将每一条记录在某个（或某些）属性上的取值与该记录的（在数据文件中）物理地址直接联系起来，是一种根据记录属性值快速访问文件记录的机制。

在数据库中，索引允许数据库程序快速地找到表中的数据，而不必扫描整个数据表。索引是表中数据和相应存储位置的列表。在 Oracle 中，索引是一个单独的按键值排列数据的一个单独的表，可以有自己的存储空间，不必与相关联的表处在同一个表空间中。表里只包含一个键值字段和一个指向表中行的指针 ROWID（而不是整个记录），其中，ROWID 是表中数据行的唯一性标识，索引的建立和删除对表没有影响。

在针对一个表查找所需记录时，可以采用两种方法：一种是将所有记录一一取出，与要查找的信息对应，直到找到完全匹配的记录，这种是全表扫描；另一种是通过在表中建立类似目录的索引，然后在索引中找到符合查询条件的索引值，最后通过保存在索引中的 ROWID（相当于页码）快速找到表中对应的记录，这种是索引扫描。

在 Oracle 系统中使用索引能减少使用 I/O 的次数，加快查询速度。

在 Oracle 系统中对索引的使用与维护是系统自动完成的，当用户执行了 INSERT、UPDATE、DELETE 操作后，系统自动更新索引列表。当用户执行 SELECT、UPDATE、DELETE 操作时，系统自动选择合适的索引来优化操作。

2. 建立索引的优缺点

为表创建索引有许多优点，如创建唯一索引后可以保证每行数据的唯一性；可以加快检索数据的速度；多表查询时，可以加速表之间的连接；明显减少分组和排序的时间等。建立索引也有缺点，如索引需占据存储空间。例如，创建一个聚集索引大约需要 1.2 倍于数据大小的空间；创建索引和维护索引需要一定的时间；数据更新时索引也需要更新，降低了系统效率。

3. 建立索引的原则

为表创建索引时还要考虑该字段或表达式是否适合创建索引。如果适合，就能够提高 DML 操作的性能，否则将会降低系统的性能，一般的原则如下。

对于经常需要进行查询、连接、统计操作，且数据量大的基本表可考虑建立索引。例如,在主键字段或经常出现在 WHERE 子句或连接条件中的字段建立索引;取值范围较大的字段;NULL 值比较多的字段;经常需要排序的字段。

而对于经常执行插入、删除、更新操作或小数据量的基本表应尽量避免建立索引。

6.1.2 Oracle 索引分类

Oracle 索引有多种类型,按逻辑设计分为单字段简单索引与多字段复合索引、唯一索引与非唯一索引、分区索引、正向索引与反向索引、基于表达式的索引。按物理实现分为 B * 树索引、反向键索引、位图索引。

1. 按逻辑设计分类

1) 单字段简单索引与多字段复合索引

单字段简单索引是指被索引字段是一个字段的索引。多字段复合索引是指被索引字段是多个字段的索引。

2) 唯一索引与非唯一索引

唯一索引是指被索引字段不能存在重复值,也就是字段中不会有两行相同的索引键值。非唯一索引是指被索引字段可以存在重复值。

3) 分区索引

分区索引是指索引可以分散在多个不同的表空间中,可以提高数据的查询效率。

4) 正向索引与反向索引

正向索引是指创建索引时不必对其排序而使用默认的顺序。反向索引是指索引同样保持索引字段按顺序排列,但是颠倒已索引的每个字段的字节,适用于 Oracle 实时应用集群。

5) 基于表达式的索引

基于表达式的索引指索引中的一个字段或者多个字段是一个函数或者表达式,索引根据函数或者表达式计算索引列的值。

2. 按物理实现分类

1) B * 树索引

B * 索引的存储结构类似于书的索引结构,有"分支"和"页"两种类型的存储数据块,分支块相当于书的大目录,页块相当于索引到的具体的书页,这种方式可以保证用最短路径访问数据。这是使用最多而且是默认的索引类型。常见的唯一索引与非唯一索引、单字段简单索引与多字段复合索引均属于此类。

2) 反向键索引

反向键索引通过简单地反向被索引的字段中的数据来解决问题。首先反向每个字段键值的字节,然后在反向后的新数据上进行索引,而新数据在值的范围上的分布通常比原来的有序数更均匀。因此,反向键索引通常建立在一些值连续增长的字段上。

3) 位图索引

位图索引主要针对大量相同值的字段而创建,适用于具有很少字段值的列(也叫低基数列）。位图索引存储主要用于节省空间，减少 Oracle 对数据块的访问，它为索引字段的每个取值建立一个位图。在这个位图中，为表中每一行使用一个位元（bit，取值为 1 或 0）来表示该行是否包含该位图的索引列的值。

6.1.3　索引管理

1. 创建索引

创建索引的一般语法格式如下。

```
CREATE [UNIQUE|BITMAP] INDEX [schema.]index_name ON [schema.]table_name
(column_name[ASC|DESC], … n)
```

UNIQUE 代表创建唯一索引，不指明为创建非唯一索引。
BITMAP 代表创建位图索引，如果不指明该参数，则创建 B * 树索引。
字段名是创建索引的关键字段，可以是一个字段或多个字段。
默认升序使用 ASC，降序使用 DESC。
例：在 EMP 表上的 ENAME 字段上创建索引 ENAME_INDEX。

```
CREATE INDEX ENAME_INDEX ON EMP(ENAME DESC);
```

例：在 EMP 表的 JOB 和 MGR 字段上创建复合索引 JOBMGR_INDEX。

```
CREATE INDEX JOBMGR_INDEX ON EMP(JOB, MGR);
```

2. 查看索引

Oracle 数据库中，索引信息存放在数据字典中，如 DBA_INDEXES、USER_INDEXES、USER_IND_COLUMNS 等，分别描述有关索引信息和创建索引的列信息。使用 SELECT 命令和 DESC 均可查看索引的信息。
例：查看 EMP 表的索引是否已经创建。

```
SELECT index_name
FROM USER_INDEXES
WHERE TABLE_NAME = 'EMP';
```

或

```
DESC DBA_INDEXES;
```

例：查看 EMP 表的索引信息。

```
SELECT index_name, table_name, uniqueness, status
FROM USER_INDEXES
WHERE TABLE_NAME = 'EMP';
```

3. 删除索引

删除索引的语法：

```
DDROP INDEX 索引名;
```

索引的删除对表没有影响。

例：删除 EMP 表的索引 ENAME_INDEX。

```
DROP INDEX ENAME_INDEX;
```

6.1.4　索引使用举例

索引创建后,Oracle 自动选择是否使用索引以及使用哪些索引。如果要查询 Oracle 是否使用索引以及具体使用哪些索引,可以通过 ANALYZE TABLE、SET AUTOTRACE ON EXPLAIN 命令来进行查看。

ANALYZE TABLE 是统计索引分布信息,命令格式如下。

```
ANALYZE TABLE table_name COMPUTE STATISTICS;
```

SET AUTOTRACE ON EXPLAIN 是显示优化器执行路径报告,命令格式如下。

```
SET AUTOTRACE ON EXPLAIN;
```

例：查询雇员 SCOTT 的雇员信息的索引引用情况。

1. 无索引

1）统计索引分布信息

```
ANALYZE TABLE EMP COMPUTE STATISTICS;
```

2）显示优化器执行路径报告

```
SET AUTOTRACE ON EXPLAIN;
```

3）查看索引的引用

```
SELECT *
FROM EMP
WHERE ENAME = 'SCOTT';
```

结果如下。

```
EMPNO ENAME      JOB      MGR HIREDATE         SAL       COMM       DEPTNO
--------- --------- --------- ----------------- ---------- ---------- ----------
7788 SCOTT      ANALYST   7566 19－4 月－87    3000        20      执行计划
```

```
Plan hash value: 3956160932
----------------------------------------------------------------------
| Id  | Operation          | Name | Rows | Bytes | Cost ( % CPU) | Time     |
----------------------------------------------------------------------
|   0 | SELECT STATEMENT   |      |    1 |   32 |    3   (0)| 00:00:01 |
| *  1 | TABLE ACCESS FULL | EMP  |    1 |   32 |    3   (0)| 00:00:01 |
----------------------------------------------------------------------
```

```
Predicate Information (identified by operation id):
-------------------------------------------------------
   1 - filter("ENAME" = 'SCOTT')
```

从显示的查询计划信息可以知道，由于 EMP 表的 ENAME 字段上未建索引，所以本次查询采用的是全表扫描，未使用索引。

2. 有索引

1）创建索引

根据 EMP 表的 ENAME 字段建立一个索引 ENAME_INDEX，命令如下。

```
CREATE INDEX ENAME_INDEX ON EMP(ENAME DESC);
```

2）统计索引分布信息

```
ANALYZE TABLE EMP COMPUTE STATISTICS;
```

3）显示优化器执行路径报告

```
SET AUTOTRACE ON EXPLAIN;
```

4）查看索引的引用

```
SELECT *
FROM EMP
WHERE ENAME = 'SCOTT';
```

结果如下。

EMPNO ENAME	JOB	MGR HIREDATE	SAL	COMM	DEPTNO
7788 SCOTT	ANALYST	7566 19-4 月-87	3000	20	执行计划

```
Plan hash value: 4282517509
```

Id	Operation	Name	Rows	Bytes	Cost(% CPU)	Time
0	SELECT STATEMENT		1	32	2(0)	00:00:01
1	TABLE ACCESS BY INDEX ROWID	EMP	1	32	2(0)	00:00:01
* 2	INDEX RANGE SCAN	ENAME_INDEX	1		1(0)	00:00:01

```
Predicate Information (identified by operation id):
-------------------------------------------------------
   2 - access(SYS_OP_DESCEND("ENAME") = HEXTORAW('ACBCB0ABABFF') )
       filter(SYS_OP_UNDESCEND(SYS_OP_DESCEND("ENAME")) = 'SCOTT')
```

从显示的查询计划信息可以知道，由于 EMP 表的 ENAME 字段上建了索引，所以本次查询采用的是索引扫描，使用了索引 ENAME_INDEX。

需要注意的是，对于 Oracle 系统来讲，并不是创建了索引就一定会使用索引，当 Oracle 自动搜集了表和索引的统计信息之后，才会确定是否要使用索引，只有高选择性的索引才会比全表扫描更有效率。系统要估算查询结果的元组数目如果比例较小（<10％），可以使用索引扫描方法，否则还是使用全表扫描。

6.2　视图

视频讲解

6.2.1　视图概述

1. 视图的概念

视图也称为虚表，是从一个或几个基本表（或视图）导出的表。视图不同于基本表，本身不包含任何数据。基本表是实际独立存在的实体，是用于存储数据的基本结构。而视图只是一种定义，数据库中只存放视图的定义，对应一个查询语句。

用户可以像使用基本表一样对视图执行各种 DML 操作，如 SELECT、INSERT、UPDATE、DELETE。视图内没有存储任何数据，对视图中数据的操纵实际上是对组成视图的基本表的操纵。当基本表中的数据发生变化时，视图的查询结果也会发生变化。

2. 视图的优点

视图是定义在基本表之上的，对视图的操作实际上是对对应的基本表的操作。如果对基本表直接操作不是更方便吗？这是因为合理使用视图有如下的优点。

1）提供附加的安全层

通过视图往往只可以访问数据库中表的特定部分，限制了用户访问表的全部行和字段。

2）简化了查询语句，隐藏了查询的复杂性

视图的数据来自一个复杂的查询，用户对视图的检索却很简单。

3）集中用户使用的数据

一个视图可以检索多张表的数据，因此用户通过访问一个视图，可完成对多个表的访问。

4）简化用户权限的管理

视图是相同数据的不同表示，通过为不同的用户创建同一个表的不同视图，使用户可分别访问同一个表的不同部分。

5）利用视图可以更清晰地表达查询

在进行某一个查询时，使用视图使得查询更加清晰。例如，经常需要进行这样的查询：查询每个部门中获得最高工资的雇员姓名。可以先定义一个视图：每个部门的部门号和最高工资，假设为 DEPTMAXSAL(DEPTNO,MAXSAL)。然后执行如下查询。

```
SELECT ENAME
FROM EMP,DEPTMAXSAL
WHERE EMP.DEPTNO = DEPTMAXSAL.DEPTNO AND SAL = DEPTMAXSAL.MAXSAL;
```

6.2.2　创建视图

创建视图的语法格式如下。

```
CREATE [OR REPLACE] [FORCE|NOFORCE] VIEW [schema.]view_name[(view_column1,
view_column2,…)]
AS subquery
[WITH CHECK OPTION [CONSTRAINT constraint_name]]
[WITH READ ONLY];
```

各子句含义如下。

OR REPLACE 表示替代已经存在的视图。

FORCE 表示不管基表是否存在，创建视图。

NOFORCE 表示只有基表存在时，才创建视图，是默认值。

view_column1，view_column2 是子查询中选中的字段新定义的名字，替代子查询 subquery 中原有的字段名。

subquery 是一个用于定义视图的 SELECT 查询语句，可以包含连接、分组及子查询。

WITH CHECK OPTION 表示进行视图插入或修改时必须满足子查询的约束条件。后面的约束名是该约束条件的名字。

WITH READ ONLY 表示视图是只读的，不能进行插入、删除、修改等操作。

1. 创建简单视图

简单视图是从单个基本表中导出数据，不包含字符或组合之类的函数。只是去掉了基本表的某些行和某些列，不包含函数、分组等，可以直接进行 DML 操作。

例：创建所有雇员的编号和雇员姓名的视图 EMP_VIEW。

```
CREATE VIEW EMP_VIEW
AS SELECT EMPNO,ENAME
    FROM EMP;
```

或

```
CREATE VIEW EMP_VIEW(雇员编号,雇员姓名)
AS SELECT EMPNO,ENAME
    FROM EMP;
```

简单视图的视图字段名可以省略，也可以自己指定。如果未指定则默认子查询中的字段名为视图的字段名。

2. 创建复杂视图

复杂视图是从一个或多个表中导出数据，可包含连接、分组、表达式或集函数等。

例：创建每个部门的部门号和平均工资视图 DEPTAVGSAL。

```
CREATE VIEW DEPTAVGSAL(DEPTNO,AVGSAL)
AS SELECT DEPTNO,AVG(SAL)
```

```
    FROM EMP
    GROUP BY DEPTNO;
```

DEPTAVGSAL 视图中的视图字段名能否省略？答案是不能省略。原因是子查询中使用了集函数 AVG()。如果要省略可以在子查询中使用字段别名,命令如下。

```
CREATE VIEW DEPTAVGSAL
AS SELECT DEPTNO,AVG(SAL) AVGSAL
    FROM EMP
    GROUP BY DEPTNO;
```

下列三种情况下必须指定视图字段名。

(1) 某个目标字段不是单纯的属性名,而是聚集函数或字段表达式。

(2) 多表连接时选出了几个同名字段作为视图的字段。

例:

```
CREATE VIEW EMP(EMPNO,EMP♯,ENAME)
AS
    SELECT EMP.EMPNO,EMP.EMPNO,ENAME
    FROM EMP,DEPT
    WHERE EMP.DEPTNO = DEPT.DEPTNO;
```

(3) 需要在视图中为某个字段启用新的更合适的名字。

3. 创建带检查约束的视图

创建带检查约束的视图需要指定子句 WITH CHECK OPTION。

例:建立一个部门雇员工资大于 3000 的雇员信息视图 SAL_3000,指定 WITH CHECK OPTION 子句。

```
CREATE VIEW SAL_3000
AS SELECT *
    FROM EMP;
    WHERE SAL > 3000
WITH CHECK OPTION;
```

指定 WITH CHECK OPTION 选项后,如果在此视图上执行增加和修改操作,要求新数据必须符合指定的约束条件 SAL>3000,否则禁止执行。

4. 创建只读视图

创建只读视图需要指定子句 WITH READ ONLY。

例:

```
CREATE VIEW SAL_3000
AS SELECT *
    FROM EMP;
    WHERE SAL > 3000
WITH READ ONLY;
```

指定子句 WITH READ ONLY 表示用户在此只读视图上只可以执行查询操作,禁止增加、删除和更改等操作。

6.2.3　查询视图

1. 查询视图定义

当前用户的视图定义放在数据字典 USER_VIEWS 中,查看命令如下。

```
SELECT VIEW_NAME,TEXT
FROM USER_VIEWS
```

2. 查看视图的结构

查看视图定义可以使用 DESCRIBE 命令,其命令格式如下。

```
DESCRIBE 视图名
```

例: 查看视图 SAL_3000 的结构。

```
DESCRIBE SAL_3000;
```

3. 查询视图中数据

视图可以像基本表一样被查询,查询数据使用 SELECT 语句。由于视图中没有数据,所以实质上是查询基本表中的数据,是视图中的子查询和查询视图的命令相结合转换成一个新的 SELECT 语句对视图基于的基本表进行查询,这个过程为视图消解。

例: 建立一个部门雇员工资大于 3000 的雇员信息视图 SAL_3000。

```
  CREATE VIEW SAL_3000
AS SELECT *
  FROM EMP;
  WHERE SAL > 3000;
```

例: 查询视图 SAL_3000 中部门为 10 的雇员信息。

```
SELECT *
FROM SAL_3000
WHERE DEPTNO = 10;
```

实际上,查询视图 SAL_3000 的语句最后会转换成如下查询语句。

```
SELECT *
FROM EMP
WHERE SAL > 3000 AND DEPTNO = 10;
```

6.2.4　更新视图

视图的更新操作是指对视图的 INSERT、DELETE、UPDATE 等操作。由于视图中没有数据,所以实质上是更新基本表中的数据,是视图中的子查询和更新视图的命令相结合转换成一个新的更新语句对视图基于的基本表进行更新。

在简单视图中可以进行更新操作。但在复杂视图上进行更细操作有一些限制,限制如下。

(1) 连接视图中不能有 ORDER BY 排序语句。

(2) 基本表中所有的 NOT NULL 字段都必须在这个视图中。

(3) 需要更新的字段不包含伪列或表达式。

(4) 建立视图的 SELECT 语句中,不能包含集合运算符、连接运算符、子查询、集函数和 GROUP BY 子句等。

例:把视图 SAL_3000 中雇员编号为 7839 的雇员工资加 1000。

```
UPDATE SAL_3000
SET SAL = SAL + 1000
WHERE EMPNO = 7839;
```

例:将视图 DEPTAVGSAL 中所有人的平均工资加 1000。

```
CREATE VIEW DEPTAVGSAL(DEPTNO,AVGSAL)
AS SELECT DEPTNO,AVG(SAL)
    FROM EMP
    GROUP BY DEPTNO;
```

更新命令如下。

```
UPDATE DEPTAVGSAL
SET AVGSAL = AVGSAL + 1000;
```

执行时会显示如下错误。

第 1 行出现错误:

ORA-01732:此视图的数据操纵操作非法。

因此一般情况下只能对简单视图更新,复杂的视图一般不能更新。

例:创建每个部门的部门名称、雇员编号、雇员姓名、工资视图 DEPTEMP_VIEW,把视图中 7788 雇员的工资加 500,把其所在的部门名称改为'开发部'。

```
CREATE VIEW DEPTEMP_VIEW
AS SELECT DNAME,EMPNO,ENAME,SAL
   FROM EMP,DEPT
   WHERE EMP.DEPTNO = DEPT.DEPTNO;
UPDATE DEPTEMP_VIEW
SET SAL = SAL + 500
WHERE EMPNO = 7788;
```

结果为

```
已更新 1 行。
UPDATE DEPTEMP_VIEW
SET DNAME = '开发部'
WHERE EMPNO = 7788;
```

结果为

第 1 行出现错误：

ORA-01779：无法修改与非键值保存表对应的列。

对于连接视图的修改只能修改 WHERE 条件中字段所对应的基本表中的数据，无法修改另外一个基本表的数据。

6.2.5　管理视图

1. 重新定义视图

重新定义视图使用 OR REPLACE 子句，表示替代已经存在的视图，语法格式如下。

```
CREATE OR REPLACE VIEW 视图名 AS 查询条件;
```

例：更改视图 EMP_VIEW 为雇员工资大于 3000 的雇员信息。

```
CREATE OR REPLACE VIEW EMP_VIEW
AS SELECT EMPNO, ENAME
    FROM EMP
    WHERE SAL > 3000;
```

2. 重命名视图

使用 RENAME 语句给视图重新命名，语法格式如下。

```
RENAME old_view_name TO new_view_name;
```

例：把 EMP_VIEW 重新命名为 EMP_VIEW_3000。

```
RENAME EMP_VIEW TO EMP_VIEW_3000;
```

3. 删除视图

删除视图的语法如下。

```
DROP VIEW 视图名;
```

删除视图者需要是视图的建立者或者拥有 DROP ANY VIEW 权限。视图的删除不影响基表，不会丢失数据。

例：删除视图 EMP_VIEW。

```
DROP VIEW EMP_VIEW;
```

🔑 习题

1. Oracle 索引有哪些分类？
2. 根据第 5 章中的 WORKER、DEPART、SALARY 表完成如下问题。

（1）根据 WORKER 表中的 Ename 字段创建一个索引 Enm_IND。

（2）查看 WORKER 表的索引信息。

（3）查询职工"孙华"的详细信息，并分析该查询是否引用了索引。

3．Oracle 中表的索引创建之后，每次查询该表时是否被引用？ 为什么？

4．什么是视图？

5．视图的优点有哪些？

6．建立视图 VIEW1，查询所有职工的职工号、姓名、部门名和 2014 年 2 月份工资，并按部门名升序排列。

7．所有的视图都是可更新的吗？ 举例说明。

第 **7** 章

用户与权限管理

CHAPTER **7**

学习目标
- 理解用户、权限、角色的概念。
- 熟练掌握 Oracle 用户、角色的创建。
- 熟练掌握 Oracle 用户、角色权限的授权与回收。
- 了解 Oracle 概要文件。

安全管理对于数据库系统来讲至关重要。数据库安全是一个极为突出的问题,数据库数据的丢失以及数据库被非法用户侵入或者被非授权用户访问和篡改对于任何一个应用系统来说都会造成危害。

数据库的安全性是指保护数据库以防止不合法的使用造成数据泄露、更改或破坏。在 Oracle 系统中,为了实现安全性,采取了一些安全机制,主要包括以下几个方面:用户管理、表设置和配额、权限管理、角色管理、用户资源管理、数据库审计等策略,以控制用户对数据库的访问,阻止非法用户对资源的访问和破坏。

🔑 7.1　用户与模式

1. 用户的概念

Oracle 用户,通俗地讲就是访问 Oracle 数据库的"人"。用户是数据库的使用者和管理者。在 Oracle 系统中,用户是允许访问数据库系统的有效账户,是可以对数据库资源进行访问的实体。Oracle 数据库通过创建用户账户并为此账户授予相应的数据库权限等安全参数,使用户能够访问数据库和进行相应的操作。每个用户都有一个口令和相应的权限,使用正确的用户名、口令才能登录到数据库中进行数据的存取操作。用户管理是 Oracle 数据库安全管理的核心和基础。

2. 资源的基本概念

资源可以有很多方面的理解,如为会话用户分配的连接、提供的 CPU 使用率、分配的内存空间,以及数据库中的模式对象都可以作为资源进行理解。但是这里讲述的资源,主要是数据库系统的实例为用户分配或者消耗的一些系统资源,如 CPU 会话时间和分配的 SGA 空间大小等。

Oracle 使用概要文件对资源进行管理。概要文件是一个命名的资源限制的集合,又称为资源配置文件。分配了概要文件的用户在使用数据库时,将受到概要文件中所规定参数的限制。

在 Oracle 中,每个用户都必须分配概要文件,或者使用系统分配的一个默认概要文件。实质上,概要文件是对资源进行限制的存储在数据字典中的一些记录的集合,并不是一个普通意义上的文件。

Oracle 的概要文件还提供了口令管理的功能。

3. 模式的概念

模式是数据库中某个用户所拥有的所有对象的集合,这些对象包括表、索引、视图、触发器、序列和存储过程等数据库对象,而用户是数据库的使用者。

从严格的意义上来说,用户和模式具有不同的定义,但是,实际上在 Oracle 数据库中,用户和模式基本处于对等的地位,很多时候,读者可以忽略它们的差异,不加区别地使用用户和模式这两个概念。

在 Oracle 数据库中,用户基本上等同于模式基于下面的事实。

(1) 当用户被创建时,同名的模式也同时被创建。

(2) 当用户被删除时,同名的模式也同时被删除。

(3) 一个用户只能关联一个模式,并且用户和模式具有相同的名称。

在 Oracle 数据库系统中,用户和模式可以说是等同的。

视频讲解

7.2　用户管理

7.2.1　创建用户

使用 CREATE USER 语句可以创建一个新的数据库用户,需注意的是,执行该语句的用户必须具有 CREATE USER 系统权限。CREATE USER 语句的语法格式如下。

```
CREATE USER 用户名 INDENTIFIED BY 口令
[DEFAULT TABLESPACE 表空间名]
[TEMPORARY TABLESPACE 表空间名]
[QUOTA {正整数[K|M] |UNLIMITED } ON 表空间名…]
[PASSWORD EXPIRE]
[ACCOUNT {LOCK|UNLOCK}]
[PROFILE 概要文件名|DEFAULT];
```

说明:使用 IDENTIFIED BY 子句可为用户设置口令,用户将通过数据库来进行身份验证。使用 DEFAULT TABLESPACE 子句可为用户指定默认表空间。如果用户指定默认表空间,则一般需使用 QUOTA 子句来为用户在默认表空间中分配空间配额。

此外,常用的一些子句如下。

1. TMPORARY TABLESPACE 子句

为用户指定临时表空间。SQL 语句在完成诸如连接和排序大量数据的查询后需要临时工作空间来存放结果。

2. PROFILE 子句

为用户指定一个概要文件。如果没有为用户显式地指定概要文件,则 Oracle 将自动为其指定 DEFAULT 概要文件。

3. DEFAULT ROLE 子句

为用户指定默认的角色。

4. PASSWORD EXPIRE 子句

设置用户口令的初始状态为过期。用户下次登录后,口令立即失效,必须为其设置新口令。

5. ACCOUNT LOCK 子句

设置用户账户的初始状态为锁定,默认为 ACCOUNT UNLOCK。

【例 7-1】　创建用户 stu_user,口令为 student123,默认表空间是 HRM,大小是
20MB,临时表空间是 temp。

创建一个数据库用户必须由具有 DBA 权限的用户来执行。

```
connect system/password;
```

使用如下 SQL 语句。

```
CREATE USER stu_user IDENTIFIED BY student123
DEFAULT TABLESPACE HRM
TEMPORARY TABLESPACE temp
QUOTA 20M ON HRM;
```

在建立新用户之后,通常还需要使用 GRANT 语句为其授予 CREATE SESSION 系
统权限,这样用户才能够连接数据库。CREATE SESSION 系统权限允许用户在数据库
上建立会话过程,这是用户账号必须具有的最低权限。

【例 7-2】　为用户 stu_user 授予权限 CREATE SESSION。

授权:

```
GRANT CREATE SESSION TO stu_user;
```

以新用户连接:

```
CONNECT hr_user/stu_user;
```

7.2.2　修改用户信息

可以使用 ALTER USER 语句对用户进行修改,执行该语句的用户必须具有
ALTER USER 系统权限。

【例 7-3】　修改用户 stu_user 的认证方式、默认表空间、空间配额。

```
ALTER USER stu_user IDENTIFIED BY student123 QUOTA 25M ON hrm;
```

【例 7-4】　更改用户 stu_user 的默认表空间。

```
ALTER USER stu_user
DEFAULT TABLESPACE usertab
TEMPORARY TABLESPACE temp;
```

【例 7-5】　修改用户 stu_user 的口令。

```
ALTER USER stu_user IDENTIFIED BY stu_user3;
```

【例 7-6】　修改用户的状态,锁定 stu_user 账户以及解除锁定。

(1) 修改数据库用户必须由具有 ALTER USER 权限的用户来执行。

```
SQL > CONN SYSTEM/PASSWORD;
```

（2）使用 ALTER USER 命令锁定账号。

```
ALTER USER stu_user ACCOUNT LOCK;
```

（3）使用原数据库用户账号连接数据库。

```
SQL > CONNECT stu_user/stu_user3;
```

（4）使用具有 ALTER USER 权限的用户重新连接。

```
SQL > CONN SYSTEM/password;
```

（5）使用 ALTER USER 命令解除账号锁定。

```
ALTER USER stu_user ACCOUNT UNLOCK;
```

（6）再次使用原数据库用户账号连接数据库。

```
SQL > CONNECT stu_user/stu_user3;
```

【例 7-7】 修改用户 stu_user 的密码为立即失效。

（1）使用具有 ALTER USER 权限的用户重新连接。

```
SQL > CONN SYSTEM/PASSWORD;
```

（2）使用 ALTER USER 命令修改密码为立即失效。

```
alter user stu_user password expire;
```

（3）再次使用原数据库用户账号连接数据库。

```
SQL > CONN stu_user/stu_user3;
```

7.2.3　删除用户

使用 DROP USER 语句可以删除已有的用户，执行该语句的用户必须具有 DROP USER 系统权限。如果用户当前正连接到数据库，则不能删除这个用户。要删除已连接的用户，首先必须终止其会话，然后使用 DROP USER 语句将其删除。如果要删除的用户模式中包含模式对象，则必须在 DROP USER 子句中指定 CASCADE 关键字，否则 Oracle 将返回错误信息。

【例 7-8】 删除用户 stu_user，并且同时删除其拥有的表、索引等数据库对象。

```
DROP USER stu_user CASCADE;
```

7.3　权限管理

权限是用户对数据库所能执行的行为，如执行 SOL 语句或访问对象的权力。如果没有对用户授予一定的权限，则用户不能执行任何操作，因此首先需要给用户授予基本的权限,这样用户才能够登录数据库,进而在所属方案中进行创建、删除、修改数据库对象等操作。如果不允许进行相应操作,可以通过回收其权限来达到对数据库相应的安全控制。

用户在 Oracle 数据库中能够做的任何事情都是通过授权得到的。用户不能进行超出其拥有权限的操作,Oracle 数据库使用权限控制来控制用户对数据库的操作。Oracle 数据库中的权限分为两大类:系统权限和对象权限。

7.3.1　系统权限

Oracle 数据库中有 100 多种不同的系统权限,每一种系统权限允许用户执行一种特殊的数据库操作或一类数据库操作。Oracle 有两大类主要的系统级权限:一类是数据库级别的某种操作能力,如创建表空间、创建用户等;另一类是对数据库某一类对象的操作能力,名称中带 ANY 关键字和不带 ANY 关键字的权限。带有 ANY 的权限可以使 Oracle 用户在任何 Oracle 账号中执行指定的命令,不带 ANY 的权限则只能在自己的 Oracle 账号中执行指定的命令。例如,当用户具有 CREATE TABLE 权限时,可以在其模式中创建表;当用户具有 CREATE ANY TABLE 权限时,可以在任何模式中创建表。

1. 利用 SQL 命令授予系统权限

如果用户需要在数据库中执行某种操作,那么事先应具有该操作对应的系统权限。系统权限可以由具有 DBA 角色的用户授权,通常由 sys 或 system 用户执行授权操作;也可以由对该权限具有 WITH ADMIN OPTION 选项的用户授权。授权语法格式如下。

```
GRANT SYSTEM_PRIV[,SYSTEM_PRIV, … ]
TO {PUBLIC|ROLE|USER}[,PUBLIC|ROLE|USER}] …
[WITH ADMIN OPTION]
```

其中各参数的意义如下。

SYSTEM_PRIV:表示要授予的系统权限的名称,该选项允许为用户同时授予多个系统权限,之间用逗号隔开。

USER:表示获得该系统权限的用户名称,该选项允许同时为多个用户授予相同的权限,之间用逗号隔开。

ROLE:表示被授予的角色。

PUBLIC:表示对系统中所有用户授权,可以使用它为系统中的每个用户快速设定权限。

WITH ADMIN OPTION:可选项,表示将系统权限授予某个用户后,该用户不仅获得该权限的使用权,还获得该权限的管理权,包括可以将该权限继续授予其他用户,或从其他用户处回收该权限。该选项的影响力较大,要慎重使用。

【例 7-9】　以 system 用户连接数据库后,创建进行 usera 和 userb,并为他们授予 CREATE SESSION 的系统权限。

```
CONN SYSTEM/PASSWORD;
```

```
CREATE USER usera IDENTIFIED BY usera;
CREATE USER userb IDENTIFIED BY userb;
GRANT CREATE SESSION TO usera WITH ADMIN OPTION ;
CONN usera/usera;
GRANT CREATE SESSION TO userb ;
CONN userb/userb;
```

2. 利用 SQL 命令回收系统权限

当某个用户不再需要系统权限时可以将该权限回收，使用 REVOKE 语句可以回收已经授予用户（或角色）的系统权限，执行回收系统权限操作的用户必须具有授予相同系统权限的能力。只要具有 DBA 的角色或对该系统权限具有 WITH ADMIN OPTION 选项的用户都可以执行回收该系统权限的操作。回收系统权限的语法格式如下。

```
REVOKE SYSTEM_PRIV[,SYSTEM_PRIV, … ]
FROM {PUBLIC|ROLE|USER}[,USER|ROLE|PUBLIC]] …
```

【例 7-10】 回收已经授予用户 userb 的 CREATE SESSION 系统权限。

```
CONN SYSTEM/PASSWORD;
REVOKE CREATE SESSION FROM userb;
```

说明：在拥有系统权限时创建的任何对象在回收权限后都不受影响。如果从 PUBLIC 用户处回收某种系统权限，则那些直接被授予这种权限的用户并不受任何影响。

7.3.2　对象权限

对象权限是指访问其他用户模式对象的权力。Oracle 数据库的对象主要是表、索引、视图、序列、同义词、过程、函数、包、触发器等。例如，对表或视图对象执行 INSERT、DELETE、UPDATE、SELECT 操作时，都需要获得相应的权限，Oracle 才允许用户执行。创建对象的用户拥有该对象的所有对象权限。对象权限的设置实际上是对象的所有者给其他用户提供操作该对象的某种权力的一种方法。

1. 对象权限

相对于数量众多的系统权限而言，对象权限较少，而且容易理解。Oracle 中常见的对象权限如表 7-1 所示。

表 7-1　Oracle 中常见的对象权限

权 限 名 称	适应的对象类型				
	表	视图	序列	进程	快照
SELECT	*	*	*		*
INSERT	*	*			
UPDATE	*	*			
DELETE	*	*		*	

续表

权 限 名 称	适应的对象类型				
	表	视图	序列	进程	快照
EXECUTE				*	
ALTER	*		*		
INDEX	*				
REFERENCES	*				

2. 对象权限的授权

如果用户需要对数据库中某个对象执行操作,那么事先应具有该操作对应的对象权限。对象权限可以由具有 DBA 角色的用户授权,通常由 sys 或 system 用户执行授权操作;也可以由对该权限具有 WITH GRANT OPTION 选项的用户授权;还可以由该对象的所有者授权。

其命令格式如下。

```
GRANT object_privilege[,object_privilege] ON object_name TO user_name[,user_name][WITH
GRANT OPTION]
```

其中各参数的意义如下。

object_privilege:表示要授予的对象权限的名称,该选项允许授予一个对象多项权限,之间用逗号隔开。

object_name:表示权限操作的对象名称。

user_name:表示获得对象权限的用户名称,该选项允许同时为多个用户授予相同的权限,之间用逗号隔开。

WITH GRANT OPTION:可选项,表示将对象权限授予某个用户后,该用户不仅获得该权限的使用权,还获得该权限的管理权,包括可以将该权限继续授予其他用户或从其他用户处回收该权限。该选项的影响力较大,要慎重使用。

【例 7-11】 将 SCOTT 模式下 emp 表的 SELECT 对象权限授予用户 usera,usera 再将 emp 表的 SELECT 对象权限授予用户 userb。

(1) 使用 SCOTT 用户连接数据库。

```
SQL > CONN SCOTT/tiger;
```

(2) 为用户 usera 授予 emp 表的 SELECT 对象权限。

```
SQL > GRANT SELECT ON emp TO usera WITH GRANT OPTION;
```

(3) 使用 usera 连接数据库。

```
SQL > CONN usera/usera;
```

(4) 为用户 userb 授予 emp 表的 SELECT 对象权限。

```
SQL > GRANT SELECT ON scott.emp TO userb;
```

3. 对象权限的回收

若不再允许用户操作某个数据库对象，那么应该将分配给该用户的权限回收，使用 REVOKE 语句可以回收已经授予用户（或角色）的对象权限，执行回收对象权限操作的用户同时必须具有授予相同对象权限的能力，其语法格式如下。

```
REVOKE object_privilege [,object_privilege] ON object_name FROM user_name [,user_name];
```

在使用 REVOKE 命令执行回收权限的操作时，需要注意以下两点。

回收权限的用户不一定必须是授予权限的用户，可以是任一个具有 DBA 角色的用户；也可以是该数据库对象的所有者；还可以是对该权限具有 WITH GRANT OPTION 选项的用户。

对象权限的回收具有级联的特性，也就是说，如果取消了某个用户的对象权限，那么由该用户使用 WITH GRANT OPTION 选项授予其他用户的权限一同被回收。

【例 7-12】 回收用户 usera 查询 SCOTT 模式下 emp 表的权限。

（1）使用 SCOTT 用户连接数据库。

```
SQL > CONN SCOTT/tiger;
```

（2）回收用户 usera 查询 SCOTT 模式下 emp 表的权限。

```
SQL > REVOKE SELECT ON emp TO usera;
```

（3）使用 usera 连接数据库，验证其是否具有查询 SCOTT 模式下 emp 表的权限。

```
SQL > CONN usera/usera;
SQL > SELECT * FROM scott.emp;
```

（4）使用 userb 连接数据库，验证其是否具有查询 SCOTT 模式下 emp 表的权限。

```
SQL > CONN userb/userb;
SQL > SELECT * FROM scott.emp;
```

7.4　角色管理

7.4.1　角色概述

Oracle 数据库中引入角色的概念是为了简化数据库权限的管理。角色介于权限和用户之间，是一组系统权限和对象权限的集合。如果用户被授予了某种角色，则该用户拥有该角色的所有权限，从而简化了权限的管理。一个角色可被授予系统权限或对象权限，也可以改变、增加或减少角色权限。任何角色都可授予给任何数据库用户。

Oracle 利用角色简化并实现了权限的动态管理。引入角色的概念可减轻 DBA 的负担，具有以下优点。

1．减少权限管理的工作量

不需要显式地将同一权限组逐个地授权给用户，只需将该权限组授权给角色，然后一次性地将角色授权给用户即可。

2．实现动态权限管理

如果一组权限需要改变，只需修改角色的权限，则所有授权给该角色的全部用户的安全域将自动地反映对角色所进行的修改。

3．权限的选择具有可用性和灵活性

授权给用户的角色可有选择地使其可用或禁用。

4．应用安全性

通过为角色设置口令进行保护，只有提供正确的口令，才允许修改或设置角色。

7.4.2　系统预定义角色

系统预定义角色是在数据库安装后系统自动创建的一些常用角色，如 DBA、RESOURCE 和 CONNECT 等。系统预定义角色已经由系统授予了相应的系统权限，可以由数据库管理员直接使用，一旦将这些角色授权给用户，用户便具有了角色中所包含的系统权限。下面简单介绍一下这些系统预定义角色的功能。

1．数据库管理员角色 DBA

该角色拥有全部特权，是系统拥有最高权限的角色，只有 DBA 才可以创建数据库结构，而且在数据库中拥有无限制的空间限额。DBA 用户可以操作全体用户的任意基表而无须授权（包括删除权限），还具有对其他用户授权和取消权限的能力。经常使用的 system 用户就拥有 DBA 角色。DBA 角色的用户权限很高，可以撤销任何其他用户甚至别的 DBA 的权限。当然，这样做很危险，一般不将 DBA 角色随便授予用户。

2．数据库资源角色 RESOURCE

拥有该角色的用户只可以在自己的方案下创建各种数据库对象，如表、序列、存储过程、触发器等，但不可以在其他用户方案下创建这些对象，更不可以创建数据库结构，同时该角色也没有与数据库创建会话的权限。一般情况下，可靠、正式的数据库用户可以授予 RESOURCE 角色。

3．数据库连接角色 CONNECT

拥有该角色的用户具有连接数据库和在自己的方案下创建各种数据库对象的系统权限，对其他用户的数据库对象，默认没有任何操作权限。

一般情况下，普通用户应该授予 CONNECT 和 RESOURCE 角色，对于 DBA 管理用户应该授予 CONNECT、RESOURCE、DBA 角色。

7.4.3　用户自定义角色

当系统预定义角色不能满足要求时,用户可以根据业务需要自己创建具有某些权限的角色,然后为角色授权,最后再将角色分配给用户。

1. 创建角色

创建角色的命令比较简单,其格式如下。

```
CREATE ROLE role_name [NOT IDENTIFIED] [IDENTIFIED BY PASSWORD]
```

其中:

role_name:表示新创建的角色名称。

NOT IDENTIFIED:指定该角色生效不需要口令。

IDENTIFIED BY PASSWORD:设置角色生效的口令。

【例 7-13】　创建用户角色 testrole。

```
CREATE ROLE testrole;
```

2. 为角色授予权限和回收权限

对于新创建的角色,如果不被授予任何权限,那么该角色即使分配给用户也不起作用,因此对于新建的角色首先应该为其授予权限。为角色授予权限和回收权限的命令与对用户的权限操作基本相同,格式如下。

(1) 为角色授予系统权限。

```
GRANT system_privilege [,system_privilege] TO role_name
```

(2) 为角色授予对象权限。

```
GRANT object_privilege [,object_privilege] ON object_name TO role_name
```

(3) 回收角色的系统权限。

```
REVOKE system_privilege [,system_privilege] FROM role_name
```

(4) 回收角色的对象权限。

```
REVOKE object_privilege [,object_privilege] ON object_name FROM role_name
```

【例 7-14】　为例 7-13 中创建的角色 testrole 分别授予 CREATE SESSION 系统权限和在 scott.emp 表中执行查询操作的对象权限。

```
GRANT CREATE SESSION TO testrole;
GRANT SELECT ON scott.emp TO testrole;
```

3. 将角色授予用户

将角色授予用户的命令与授予权限的命令基本相同,格式如下。

```
GRANT role_name TO user_name
```

【例 7-15】 在数据库中创建新用户 userc,并将系统角色 RESOURCE 和用户自定义角色 testrole 授予该用户。

```
CONNECT system/abcdef;
CREATE USER userc IDENTIFIED BY userc;
GRANT RESOURCE,testrole TO userc;
```

7.4.4　删除角色

在数据库中,如果不再需要某个用户自定义角色,那么可以通过 SQL 命令删除该角色,命令格式如下。

```
DROP ROLE role_name
```

角色删除后,原来拥有该角色的用户就不再拥有该角色了,相应的权限也就没有了。

【例 7-16】 删除例 7-13 中创建的角色 testrole,并以用户 userc 连接数据库,检验操作是否成功。

```
CONN SYSTEM/PASSWORD;
DROP ROLE testrole;
```

CONNECT userc/userc;--由于 testrole 角色已被删除,所以 userc 失去了创建会话的权限。

🔑 7.5　概要文件管理

7.5.1　概要文件的概念

概要文件是数据库和系统资源限制的集合。当数据库系统运行时,实例可为用户分配一些系统资源。如 CPU 的使用、分配 SGA 的空间大小、连接数据库的会话数、用户口令期限等,这些都可以看成数据库系统的资源。Oracle 系统对用户使用的系统资源可以通过概要文件来管理,如限制用户使用的系统和数据库资源,并管理口令。Oracle 中有一个默认的概要文件 DEFAULT,该概要文件对资源的使用进行一定的限制,但限制比较少。如果创建新用户时没有分配概要文件,那么 Oracle 将自动把默认的概要文件分配给它。多数情况下,管理员需要建立一些专门的概要文件,以限制用户所使用的资源,使 Oracle 数据库更安全。

7.5.2　概要文件参数

1. 启用和停用资源限制

每个用户都必须分配概要文件或者使用默认的概要文件,但是这些概要文件的设置是否生效，与初始化参数文件中的参数 RESOURCE_IMIT 的设置有关。

当 RESOURCE_IMIT 为 TRUE 时，系统启用概要文件，实施资源限制。

当 RESOURCE_LIMIT 为 FALSE 时，系统停用概要文件，不实施资源限制。

修改初始化参数文件中的 RESOURCE_IMIT 参数设置，可以影响下一次数据库启动时是否实施资源限制。

如果用户想在数据库打开时更改启用或者停用资源限制，执行以下语句将停用资源限制。

```
ALTER SYSTEM SET RESOURCE_LIMIT = TRUE;
```

2. 资源限制的参数

CPU_PER_SESSION 表明了每次会话期间所允许的总的 CPU 执行时间。如果超过这个值，那么用户将不能执行任何语句，而只能通过断开重新连接数据库。

CPU_PER_CALL 表明了每次语句执行期间所允许的总的 CPU 执行时间。如果超过这个值，用户只需要重新提交语句。

CONNECT_TIME 限制了用户每次会话所允许的与数据库的连接时间，超过这个时间限制，数据库将断开与用户的连接。

IDLE_TIME 限制了用户在会话期间所允许的空闲时间（即用户不执行任何操作的时间），超过这个时间限制，数据库将断开与用户的连接。

SESSIONS_PER_USER 限制了每个用户允许并发的会话数量，当使用同一个用户名的会话数量达到此参数的值时，将不允许此用户再与数据库建立新的连接。

LOGICAL_READS_PER_SESSION 限制用户在一个会话中所能执行的最大的逻辑读操作的数量。这里的逻辑读是指读出数据库的一个块大小的数据的操作。用户进行逻辑读操作的数量达到此参数的值时，将不能执行逻辑读操作，如查询。

LOGICAL_READS_PER_CALL 限制了用户在每次语句执行期间所允许的最大的逻辑读操作的数量。当此次语句执行时的逻辑读超过了此参数的值，则此语句执行被终止。

PRIVATE_SGA 限制了用户在会话期间所能分配的 SGA 内存空间的大小。这个参数对用户的执行效率影响很大。

COMPOSITE_LIMIT 是 Oracle 提供的一个综合的限制参数，也称为组合限制，它的值表明了前面的所有参数的加权值的总和不能超过此参数所设置的值。

3. 口令管理参数

关于口令管理方面的参数，前面已经讲过，这里不再解释。

7.5.3　管理概要文件

1. 创建概要文件

创建概要文件，必须具有 CREATE PROFILE 系统权限。例如：

```
CREATE PROFILE PROFILE_HR LIMIT
SESSIONS_PER_USER 4
CPU_PER_SESSION unlimited
CPU_PER_CALL 600
IDLE_TIME 30
CONNECT_TIME 300
```

对于 CREATE PROFILE 语句中没有指定的参数,将使用 DEFAULT 概要文件中的对应参数值。

2．分配概要文件

概要文件可以分配给任何数据库用户,并且只能分配给数据库用户。

如果没有指定分配概要文件的用户,则使用默认的概要文件。

一个数据库用户只能使用一个概要文件。

分配新的概要文件将取代以前分配的概要文件。分配概要文件不会影响当前的会话。

可以使用 SQL 语句 CREATE USER 或 ALTER USER 给用户分配概要文件。

3．更改概要文件

更改概要文件,用户必须具有 ALTER PROFILE 系统权限。

更改概要文件中的参数设置会使以前设置的参数值失效。

如果用户把参数值更改为 DEFAULT,那么该参数会使用数据库对于该资源参数的默认值。

对概要文件的修改不影响当前会话。

【例 7-17】　概要文件更改示例。

```
ALTER PROFILE PROFILE_HE LIMIT
CPU PER CALL default
LOGICAL READS PER SESSION 20000;
```

4．删除概要文件

删除概要文件,必须具有 DROP PROFILE 系统权限。

如果概要文件已经分配给了某些用户,那么必须使用 CASCADE 选项进行删除。

在删除对应的概要文件后,系统会自动分配默认的概要文件为那些用户的概要文件。

删除概要文件不影响当前的会话,只影响在删除概要文件后建立的会话。

默认概要文件不能被删除。

5．查看概要文件信息

1）USER_PASSWORD_LIMITS

描述分配给当前用户的概要文件中的口令管理参数。

2）USER_RESOURCE_LIMITS

描述分配给当前用户的概要文件中的资源限制参数。

3）DBA_PROFILES

描述概要文件及其参数信息。

4）RESOURCE_COST

描述每个资源的开销。

5）V＄SESSION

描述每个当前会话的信息。

6）V＄SESSTAT

描述会话的统计数据。

7）V＄STATNAME

描述在 V＄SESSTAT 视图中显示的统计数据的解码名称。

习题

1. 什么是用户？
2. 什么是角色？
3. 什么是概要文件？
4. 创建一用户 USER1，密码为 Oracle，账户锁定并完成如下问题。

（1）修改用户 USER1 密码。

（2）解除用户 USER1 账户锁定。

（3）授予用户 USER1 的 CONNECT 权限，并验证该权限。

（4）授予用户 USER1 登录的权限，USER1 能把该权限授予其他人。

（5）授予用户 USER1 创建用户的权限，并验证该权限。

（6）SCOTT 用户授予用户 USER1 对表 EMP 的查询权限，并验证该权限。

（7）SCOTT 把 USER1 用户对 EMP 的查询权限收回，并验证该权限。

5. 综合练习

（1）创建一用户：自己的姓名（自己姓名拼音的第一个字母）。

（2）授予该用户连接权限。

（3）把 SCOTT 用户下对 STUDENT 表的查询和修改权限授予该用户。

（4）以该用户身份登录，执行 SELECT、INSERT、UPDATE、DELETE 命令，查看有哪些命令能执行，为什么？

（5）授予该用户所有权限，并验证权限。

第 *8* 章

PL/SQL概述

学习目标

- 熟悉 PL/SQL 的组成。
- 掌握 PL/SQL 声明方法。
- 掌握程序控制结构。
- 掌握显式游标的使用。
- 熟悉异常使用机制。

　　SQL 是功能强大、面向集合的编程语言,但其无法实现所有事务逻辑,特别是终端用户的功能性需求。PL/SQL(Procedure Language/SQL,过程化 SQL)是 Oracle 在标准的 SQL 上的扩展。PL/SQL 不仅允许嵌入 SQL,还可以定义变量、常量,并允许使用条件语句和循环语句,能对程序中出现的各种错误进行预处理。

🔑 8.1　PL/SQL 结构

　　PL/SQL 是 Procedure Language & Structured Query Language 的缩写,其是对 SQL 存储过程语言的扩展。从 Oracle 6 以后,Oracle 的 RDBMS 附带了 PL/SQL。它现在已经成为一种过程处理语言,简称 PL/SQL。目前的 PL/SQL 包括两部分,一部分是数据库引擎部分,另一部分是可嵌入许多产品(如 C 语言、Java 语言等)工具中的独立引擎。可以将这两部分称为数据库 PL/SQL 和工具 PL/SQL。两者的编程相似,都具有编程结构、语法和逻辑机制。工具 PL/SQL 还增加了用于支持工具(如 Oracle Forms)的句法,如在窗体上设置按钮等。本章主要介绍数据库 PL/SQL。

视频讲解

8.1.1　PL/SQL 组成

　　PL/SQL 是基于块结构的编程语言,PL/SQL 最基本的单元是块(Block),每个块由声明、执行、异常处理三个部分组成。

```
DECLARE      -- 声明部分
```

　　声明部分用来定义常量、变量、游标、自定义异常、自定义数据类型等。这一部分在 PL/SQL 块中是可选的。

```
BEGIN        -- 执行部分
```

　　执行部分是 PL/SQL 块的主体,包括的是可执行代码,体现程序的功能。这一部分在 PL/SQL 块中是必选的。

```
EXCEPTION    -- 异常处理部分
```

　　异常处理部分用来处理执行过程中发生的错误。如果块正常执行,则块正常结束,否则从出现错误的语句开始,转至异常处理部分开始执行异常处理。这一部分在 PL/SQL 块中是可选的。

```
END          -- 块结束标志
```

　　注意:每个块都是一个可执行的单元,块可以嵌套到其他块中。

8.1.2　注释

　　在 PL/SQL 中,可以使用两种符号写注释,即--和 /＊＊/,其中,--用来注释一行,/＊＊/用来注释一行或多行。

8.1.3　PL/SQL 块实例

下面是关于块的实例。

（1）只包含执行部分的块实例。

```
BEGIN
    DBMS_OUTPUT.PUT_LINE('HELLO WORLD!');
END;
```

上面代码中只包含块的执行部分，通过调用 DBMS_OUTPUT 包中的 PUT_LINE 过程把参数包含的内容显示在屏幕上。关于输出包、过程等相关内容的讨论将在后续章节展开。

（2）包含声明部分和执行部分的块实例。

```
DECLARE
    V_STRING VARCHAR2(20):= 'HELLO WORLD!';
BEGIN
    DBMS_OUTPUT.PUT_LINE(V_STRING);
END;
```

上面代码中的块包含声明部分和执行部分，声明部分包含变量的定义及初始化，关于变量的定义在本章后续有详细讨论；块的执行部分实现了对变量内容在屏幕上的显示。

（3）包含完整结构的块实例。

```
DECLARE
    V_STRING VARCHAR2(20):= 'HELLO WORLD!';
BEGIN
    DBMS_OUTPUT.PUT_LINE(V_STRING);
EXCEPTION
    WHEN OTHERS THEN
    DBMS_OUTPUT.PUT_LINE('发生未知错误');
END;
```

上面代码在上一个实例的基础上添加了异常处理部分，当代码执行发生未知错误时，给出相应提示。关于异常处理内容后续章节将详细讨论。

注意：块的执行用"/"，所在会话要开启屏幕打印：SET SERVEROUTPUT ON。以下是上面完整结构的执行结果。

```
SQL> SET SERVEROUTPUT ON
SQL> DECLARE
  2     V_STRING VARCHAR2(20):= 'HELLO WORLD!';
  3     BEGIN
  4       DBMS_OUTPUT.PUT_LINE(V_STRING);
  5     EXCEPTION
  6       WHEN OTHERS THEN
  7        DBMS_OUTPUT.PUT_LINE('发生未知错误');
  8   END;
  9   /
HELLO WORLD!
PL/SQL 过程已成功完成。
```

8.1.4　PL/SQL 特点

PL/SQL 是一种可移植的高性能事务处理语言,它支持 SQL 和面向对象编程,提供了良好的性能和高效的处理能力。其特点包括以下几方面。

1. 对 SQL 支持强

PL/SQL 支持所有 SQL 数据类型、SQL 函数和 Oracle 对象类型。

2. 可重用性强

PL/SQL 块被命名后可以长期存储在 Oracle 服务器中,可以被其他 PL/SQL 程序或 SQL 命令调用,任何客户/服务器工具都能访问 PL/SQL 程序,具有很好的可重用性。

3. 性能高

PL/SQL 能够运行在任何 Oracle 环境中,运行时以块的形式将整个块发给服务器,有效降低网络拥挤。

4. 安全性强

可以使用 Oracle 数据工具管理存储在服务器中的 PL/SQL 程序的安全性。可以授权或撤销数据库其他用户访问 PL/SQL 程序的能力。

8.1.5　PL/SQL 中的 SQL

在 PL/SQL 中,SQL 部分的 DML 语句可以直接使用,与其对应的事务处理语句 COMMIT、ROLLBACK、SAVEPOINT 等也直接使用;而 SELECT 子句则是以 SELECT INTO 子句的形式出现,且要求查询的返回行有且仅有一行;DDL 语句不能直接出现,如需要在 PL/SQL 中使用 DDL 语句,则需要以动态方式来使用。

🔑 8.2　PL/SQL 声明

在 PL/SQL 块中的声明部分,可以声明常量、变量、数据类型、游标等。常量和变量名要遵守 PL/SQL 标识符命名规则。标识符必须以字母开头,可以包含字母、数字、下画线以及 $、♯ 符号,最长不超过 30 个字符,不能与 PL/SQL 保留字相同,不区分大小写。

声明的方法如下。

```
DECLARE
    VARIABLE_NAME [CONSTANT] TYPE [NOT NULL] [: = VALUE];
```

其中,VARIABLE_NAME 是指变量名称,[CONSTANT]是指是否为常量,TYPE 为变量的数据类型,[NOT NULL]指是否为空,VALUE 是对变量进行初始化。普通变量在声明时建议以 V_开头,常量声明时以 C_开头。

8.2.1　PL/SQL 数据类型

在 PL/SQL 中定义变量或常量时,必须指定一个数据类型,同时为增强程序的稳定性,数据类型会在编译时而不是在运行时被检查。

PL/SQL 提供多种数据类型,可以分为以下 4 大类。

- 标量类型:用来保存单个值的数据类型,包含字符型、数字型、布尔型和日期型。
- 复合类型:复合类型是具有内部子组件的类型,可以包含多个标量类型作为其属性。复合类型包含记录、嵌套表、索引表和变长数组。
- 引用类型:引用类型是一个指向不同存储位置的指针,引用类型包含 REF CURSOR 和 REF 两种。
- LOB 类型:LOB 类型又称大对象类型,用来处理二进制和大于 4GB 的字符串。

下面介绍几个常用的数据类型。

1.标量类型

1)字符型

(1)固定字符串长度类型:CHAR。

CHAR 存储固定的字符数据,其有一个可选的整型值参数用来指定字符的长度,最大 32767B,CHAR 的声明语法如下。

```
CHAR[ (MAXIMUM_SIZE [CHAR | BYTE] ) ]
```

其中,MAXIMUM_SIZE 用于指定字符的长度,其值不能是常量或变量,只能是 1~32 767 的整型数字,该参数的默认值为 1。

注意:尽管在 PL/SQL 中可以向 CHAR 类型指定 32 767 个长度的字符,但是在 Oracle 数据库中,CHAR 类型字段的最大长度为 2000B。

(2)可变字符长度类型:VARCHAR2。

VARCHAR2 存储变长字符串,当定义一个变长字符串时,必须要指定字符串的最大长度,其值范围为 1~32 767B,在指定长度时也可以选择性地指定 CHAR 或 BYTE 参数,语法如下。

```
VARCHAR2[ (MAXIMUM_SIZE [CHAR | BYTE] ) ]
```

其中,MAXIMUM_SIZE 用于指定最大的长度,不能使用常量或变量来指定这个值,必须使用整型数值。与定长的 CHAR 类型的最大不同在于实际的基于字节的长度依据实际赋给变量的具体长度而定,这依赖于数据库的字符集设置,例如,UNICODE UTF-8 字符集使用三个字节表示一个字符。

注意:尽管 PL/SQL 的 VARCHAR2 的最大长度为 32 767B,但是在数据库中 VARCHAR2 数据类型最大为 4000B,因此在 PL/SQL 块中为数据库中的列赋值时要注意大小的限制。同时,PL/SQL 程序中也支持 VARCHAR 类型,但从兼容性方面考虑,定义可变字符类型时，应尽量选择使用 VARCHAR2 类型。

（3）ROWID。

ROWID 用来存放数据行号。每个 Oracle 数据表都有一个名为 ROWID 的伪列，这个伪列用来存放每一行数据的存储地址的二进制值。每个 ROWID 值由 18 个字符组合表示。

例：ROWID 类型使用举例。

```
DECLARE
    V_ID ROWID;
    V_INFO VARCHAR2(40);
BEGIN
    INSERT INTO DEPT VALUES(60,'会议室','临沂')
    RETURNING ROWID, DNAME||':'||DEPTNO||':'||LOC INTO V_ID,V_INFO;
    DBMS_OUTPUT.PUT_LINE('ROWID:'||V_ID);
    DBMS_OUTPUT.PUT_LINE(V_INFO);
END;
```

其中，RETURNING 子句用于检索 INSERT 语句中所影响的数据行数，当 INSERT 语句使用 VALUES 子句插入数据时，RETURNING 子句还可将列表达式、ROWID 和 REF 值返回到输出变量中。在使用 RETURNING 子句时应注意以下几点限制。

- 不能与 DML 语句和远程对象一起使用。
- 不能检索 LONG 类型信息。
- 当通过视图向基表中插入数据时，只能与单基表视图一起使用。

2）数值型

PL/SQL 程序中最常用的数值型为 NUMBER 类型。NUMBER 类型既可以表示整数，也可以表示浮点数。其声明语法如下。

```
NUMBER[ (PRECISION,SCALE) ]
```

其中，PRECISION 指定了所允许的值的总长度，也就是数值中所有数字位的个数，最大值为 38，SCALE 为刻度，指定了小数点右边的数字位的个数，可以是负数，表示由小数点开始向左进行计算数字的个数。

精度和刻度范围是可选的，如果指定了刻度范围，那么也必须指定精度。如果不指定精度和刻度值，则使用最大的精度来声明 NUMBER 类型，也就是最大值 38。刻度用来确定小数位数，范围为−84~127，如果被指派的值超过了指定的刻度范围，则存储值会按照刻度指定的位数进行四舍五入。

3）日期型

DATE 类型用来存储时间和日期信息，包含世纪、年、月、日、小时、分钟、秒，但不包含秒的小数部分。

4）布尔型

Oracle PL/SQL 数据类型相比 SQL 数据类型，开始支持布尔类型。布尔类型关键字为 BOOLEAN，取值可以为 TRUE、FALSE 或者 NULL。布尔值仅用在逻辑操作中，而不能用 PL/SQL 的布尔值与数据库交互。

2．复合类型

1）记录类型

记录类型类似于 C 语言中的结构数据类型,它把逻辑相关的、分离的、基本数据类型的变量组成一个整体存储起来,它必须包括至少一个标量型或 RECORD 数据类型的成员,称作 PL/SQL RECORD 的域,其作用是存放互不相同但逻辑相关的信息。在使用记录数据类型变量时,需要先在声明部分定义记录的组成、记录的变量,然后在执行部分引用该记录变量本身或其中的成员。

记录类型定义语法如下。

```
TYPE RECORD_NAME IS RECORD(
  V1 DATA_TYPE1[NOT NULL]  [: = DEFAULT_VALUE ],
  V2 DATA_TYPE2[NOT NULL]  [: = DEFAULT_VALUE ],
  …
  Vn DATA_TYPEN[NOT NULL]  [: = DEFAULT_VALUE ] );
```

例：记录类型使用举例。

```
DECLARE
  TYPE TEST_REC IS RECORD(
  NAME VARCHAR2(30) NOT NULL : =  '胡勇',
  INFO VARCHAR2(100));
  REC_TEST TEST_REC;
BEGIN
  REC_TEST.NAME: = '记录类型';
  REC_TEST.INFO : = '使用举例';
 DBMS_OUTPUT.PUT_LINE(REC_TEST.NAME||REC_TEST.INFO);
END;
```

2）数组类型

数组是具有相同数据类型的一组成员的集合。每个成员都有一个唯一的下标,它取决于成员在数组中的位置。在 PL/SQL 中,数组数据类型是 VARRAY。

定义 VARRAY 数据类型语法如下。

```
TYPE <数组类型名> IS VARRAY (< MAX_SIZE >)OF <数据类型>;
```

例：数组类型使用举例。

```
DECLARE
  TYPE VARRAY_TEST IS VARRAY(3) OF VARCHAR(10);   -- 数组声明
    V_ARRAY VARRAY_TEST;                          -- 数组类型变量声明
BEGIN
 V_ARRAY: = VARRAY_TEST('计算机','软件','网络');   -- 数组赋值
 DBMS_OUTPUT.PUT_LINE('相关信息：'||V_ARRAY(1)||' '||V_ARRAY(2)||' '||V_ARRAY(3));
 V_ARRAY(3): = '通信';                            -- 单个数组成员赋值
 DBMS_OUTPUT.PUT_LINE(V_ARRAY(3));
END;
```

3. LOB 对象类型

LOB(Large OBject)类型又称为大对象类型,包含 BFILE、BLOB、CLOB 和 NCLOB 等类型,其最大可存储 4GB 的非结构数据,允许高效地、随机地分段访问数据。LOB 类型通常用来存储文本、图像、声音和视频等数据。

LOB 对象通过定位器来操作数据,因此在 LOB 类型中一般会包含一个定位器,定位器用来指向 LOB 数据。例如,当使用查询语句选择一个 BLOB 类型的列时,将只有定位器被返回。通过定位器来完成对大型数据对象的操作。

LOB 包含的几种数据类型及其含义如下。

- BFILE:用来在数据库外的操作系统文件中存储大型的二进制文件,在数据库中,每一个 BFILE 存储着一个文件定位器,用来指向服务器上的大型二进制文件。
- BLOB:用来在数据库内部存储大型的二进制对象,每一个 BLOB 变量存储一个定位器指向一个大型二进制对象,其大小不能超过 4GB。BLOB 可以参与整个事务处理,可以被复制和恢复。一般使用 DBMS_LOB 来提交和回滚事务。
- CLOB:用来在数据库中存储大型的字符型数据,其大小不可超过 4GB。
- NCLOB:用来在数据库中存储大型的 NCHAR 类型数据,NCLOB 可以支持特定长字符集和变长字符集,可以参与事务的处理,可以被恢复和复制。

注意:从 Oracle 9i 开始,可以将 CLOB 转换成 CHAR 和 VARCHAR2 类型,将 BLOB 转换成 RAW 类型,并使用 DBMS_LOB 包来读取和写入 LOB 数据。

视频讲解

8.2.2　几种变量声明

1. 普通变量

建议普通变量名以 V_开头,其声明语法如下。

变量名 数据类型 [:=初值|DEFAULT 默认值];

例:写一个 PL/SQL 程序,查询 7788 员工的姓名,输出形式为 XXXX 员工姓名是: XXXX。

```
DECLARE
    V_ENAME VARCHAR2(10);
BEGIN
    SELECT ENAME INTO V_ENAME FROM EMP WHERE EMPNO = 7788;
    DBMS_OUTPUT.PUT_LINE('7788 员工姓名是:'||V_ENAME);
END;
```

2. 替代变量

替代变量的作用是程序运行时从键盘接收数据。声明方法是:& 变量名。使用替代变量可以提高代码的通用性。

例:替代变量的使用。

```
DECLARE
  V_ENAME VARCHAR2(10);
  V_ENAME1 VARCHAR2(10);
  V_EMPNO NUMBER(4);
BEGIN
  V_EMPNO: = &V_EMPNO;  -- 替代变量,这时,V_EMPNO 的值从键盘接收
  SELECT ENAME INTO V_ENAME FROM EMP WHERE EMPNO = V_EMPNO;
  DBMS_OUTPUT.PUT_LINE(V_EMPNO||'员工姓名是:'||V_ENAME);
END;
```

上面的程序块编译一次,可以执行多次,每次输入可以接收不同的值。

3. %TYPE

在程序中需要声明一个变量与已有变量或者表中某个属性列的数据类型保持一致,这时需要用%TYPE。

声明一个变量与已有变量类型保持一致的语法为

变量名　已有变量%TYPE;

声明一个变量与表中某列类型保持一致的语法为

变量名 表名.列名%TYPE;

%TYPE 使用举例 1：写一个 PL/SQL 程序,查询 7788 员工的姓名。

```
DECLARE
  V_ENAME EMP.ENAME%TYPE;
  V_ENAME1 V_ENAME%TYPE;
  V_EMPNO EMP.EMPNO%TYPE;
BEGIN
  V_EMPNO: = &V_EMPNO;
  SELECT ENAME INTO V_ENAME FROM EMP WHERE EMPNO = V_EMPNO;
  DBMS_OUTPUT.PUT_LINE(V_EMPNO||'员工姓名是:'||V_ENAME);
END;
```

%TYPE 使用举例 2：写一个 PL/SQL 语句,查询 7788 员工的姓名、参加工作时间、工资、奖金、所在部门号。

```
DECLARE
  V_ENAME EMP.ENAME%TYPE;
  V_HIREDATE EMP.HIREDATE%TYPE;
  V_SAL EMP.SAL%TYPE;
  V_COMM EMP.COMM%TYPE;
  V_DEPTNO EMP.DEPTNO%TYPE;
BEGIN
  SELECT ENAME,HIREDATE,SAL,COMM,DEPTNO
  INTO V_ENAME,V_HIREDATE,V_SAL,V_COMM,V_DEPTNO FROM EMP WHERE EMPNO = 7788;
  DBMS_OUTPUT.PUT_LINE('7788员工的姓名;'||V_ENAME||''||'参加工作时间:'||V_HIREDATE||
''||'工资:'||V_SAL||''||'奖金:'||V_COMM||'所在部门号'||V_DEPTNO);
END;
```

使用%TYPE 带来的好处如下。

- 所引用的数据表列或已有变量的数据类型可以不必知道。
- 所引用的数据表列或已有变量的数据类型可以实时改变，而 PL/SQL 程序则不需要修改。

4. %ROWTYPE

当声明一个变量与已有表的结构保持一致，可以使用%ROWTYPE，此时声明的变量是一个记录变量，建议以 REC_开头。

%ROWTYPE 使用举例：写一个 PL/SQL 语句，查询 7788 员工的姓名、参加工作时间、工资、奖金、所在部门号。

```
DECLARE
  REC_EMP EMP % ROWTYPE;
BEGIN
  SELECT *  INTO REC_EMP FROM EMPNO = 7788;
  DBMS_OUTPUT.PUT_LINE('7788 员工的姓名;'||REC_EMP.ENAME||''''||'参加工作时间: '||||REC_
EMP.HIREDATE||''||'工资: '||REC_EMP.SAL||''''|'奖金: '||||REC_EMP.COMM||'所在部门号'||||REC
_EMP.DEPTNO);
END;
```

使用%ROWTYPE 带来的好处如下。

- 所引用的数据表列的个数和数据类型都不需要知道。列或已有变量的数据类型可以不必知道。
- 所引用的数据表列的个数和数据类型可以实时改变，而 PL/SQL 程序则不需要修改。

8.2.3 变量作用域

变量的作用域是指变量的有效作用范围，与其他高级语言类似，PL/SQL 的变量作用范围特点如下。

- 变量的作用范围是在所引用的程序单元（块、子程序、包）内。即从声明变量开始到该块的结束。
- 一个变量只在所引用的块内是可见的。
- 当一个变量超出了作用范围，PL/SQL 引擎就释放用来存放该变量的空间。
- 在子块中重新定义该变量后，它的作用仅在该块内。

下面是一个说明变量作用域的例子。

```
DECLARE
  V_TEST1 VARCHAR2(10): = 'V_TEST1 变量作用范围从声明开始到整个块结束';
BEGIN
  DBMS_OUTPUT.PUT_LINE(V_TEST1);
  -- 声明一个子块
  DECLARE
    V_TEST2 VARCHAR2(10): = 'V_TEST2 变量作用范围从声明开始到所在子块结束';
  BEGIN
    DBMS_OUTPUT.PUT_LINE(V_TEST1);
```

```
    DBMS_OUTPUT.PUT_LINE(V_TEST2);
  END;        -- 子块结束,V_TEST2 作用范围到此结束
END;          -- 块结束,V_TEST1 作用范围到此结束
```

8.3　程序控制语句

PL/SQL 与其他高级编程语句类似,PL/SQL 提供 NULL 语句、赋值语句、条件控制语句和循环控制语句。

8.3.1　NULL 语句

NULL 语句不做任何动作,较少使用,一般用来增加程序的可读性。其语法为

```
NULL;
```

8.3.2　赋值语句

赋值语句的语法为

```
< VARIABLE >: = < EXPRESSION >;
```

例如:

```
V_JOB VARCHAR2(10) : = 'CLERK';
```

8.3.3　条件控制语句

条件控制语句也可以称为分支语句,条件控制用于根据条件执行一系列语句,包括 IF 语句和 CASE 语句。

1. IF 语句

IF 语句有三种形式: IF⋯THEN⋯END IF、IF⋯THEN⋯ELSE⋯END IF、IF⋯THEN⋯ELSIF⋯ELSE⋯END IF。

1) 单分支 IF⋯THEN⋯END IF

语法:

```
IF CONDITION THEN
     STATEMENTS
END IF;
```

单分支举例: 查询特定员工的工资,若工资超过 3000 元,显示"高工资"。

```
DECLARE
  V_SAL EMP.SAL % TYPE;
  V_EMPNO EMP.EMPNO % TYPE;
```

```
BEGIN
  V_EMPNO: = &V_EMPNO;
  SELECT SAL INTO V_SAL FROM EMP WHERE EMPNO = V_EMPNO;
  IF V_SAL > 3000 THEN
      DBMS_OUTPUT.PUT_LINE(V_EMPNO||'高工资');
  END IF;
END;
```

2）双分支 IF…THEN…ELSE…END IF

语法：

```
IF CONDITION THEN
      STATEMENTS1
ELSE
      STATEMENTS2
END IF;
```

双分支举例：查询特定员工的工资，若工资超过 3000 元，显示"高工资"，否则显示"低工资"。

```
DECLARE
  V_SAL EMP.SAL % TYPE;
  V_EMPNO EMP.EMPNO % TYPE;
BEGIN
  V_EMPNO: = &V_EMPNO;
  SELECT SAL INTO V_SAL FROM EMP WHERE EMPNO = V_EMPNO;
  IF V_SAL > 3000 THEN
      DBMS_OUTPUT.PUT_LINE(V_EMPNO||'高工资');
ELSE
      DBMS_OUTPUT.PUT_LINE(V_EMPNO||'低工资');
  END IF;
END;
```

3）多分支 IF…THEN…ELSIF…ELSE…END IF

语法：

```
IF CONDITION1 THEN
      STATEMENTS1
ELSIF CONDITION2 THEN
      STATEMENTS2
ELSE
      STATEMENTS3
END IF;
```

多分支举例：查询特定员工的工资，若工资超过 3000 元，显示"高工资"；若工资在 2000～3000 元显示"一般工资"；否则显示"低工资"。

```
DECLARE
  V_SAL EMP.SAL % TYPE;
  V_EMPNO EMP.EMPNO % TYPE;
BEGIN
  V_EMPNO: = &V_EMPNO;
```

```
SELECT SAL INTO V_SAL FROM EMP WHERE EMPNO = V_EMPNO;
IF V_SAL > 3000 THEN
    DBMS_OUTPUT.PUT_LINE(V_EMPNO||'高工资');
ELSIF V_SAL BETWEEN 2000 AND 3000 THEN
    DBMS_OUTPUT.PUT_LINE(V_EMPNO||'一般工资');
ELSE
    DBMS_OUTPUT.PUT_LINE(V_EMPNO||'低工资');
END IF;
END;
```

2. CASE 语句

CASE 语句分为简单 CASE 语句和搜索 CASE 语句两种形式。

1) 简单 CASE 语句

语法：

```
CASE 表达式 WHEN 值 1 THEN 分支 1;
           WHEN 值 2 THEN 分支 2;
              …
           [ELSE 分支 N;]
END CASE;
```

简单 CASE 语句举例：根据结果输出对应评价。

```
DECLARE
    V_GRADE CHAR(2);
BEGIN
    V_GRADE: = &V_GRADE;
    CASE V_GRADE
        WHEN 'A' THEN
          DBMS_OUTPUT.PUT_LINE('优秀');
        WHEN 'B' THEN
          DBMS_OUTPUT.PUT_LINE('良好');
        WHEN 'C' THEN
          DBMS_OUTPUT.PUT_LINE('合格');
        ELSE
          DBMS_OUTPUT.PUT_LINE('不及格');
    END CASE;
END;
```

2) 搜索 CASE 语句

语法：

```
CASE WHEN 条件表达式 1 THEN 分支 1;
     WHEN 条件表达式 2 THEN 分支 2;
        …
     [ELSE 分支 N;]
END CASE;
```

搜索 CASE 语句举例：查询特定员工的工资，若工资超过 3000 元，显示"高工资"；若工资为 2000～3000 元显示"一般工资"；否则显示"低工资"。

```
DECLARE
    V_SAL EMP.SAL % TYPE;
    V_EMPNO EMP.EMPNO % TYPE;
BEGIN
    V_EMPNO: = &V_EMPNO;
    SELECT SAL INTO V_SAL FROM EMP WHERE EMPNO = V_EMPNO;
    CASE
    WHEN V_SAL > 3000 THEN
        DBMS_OUTPUT.PUT_LINE(V_EMPNO||'高工资');
    WHEN V_SAL BETWEEN 2000 AND 3000 THEN
        DBMS_OUTPUT.PUT_LINE(V_EMPNO||'一般工资');
    ELSE
        DBMS_OUTPUT.PUT_LINE(V_EMPNO||'低工资');
    END CASE;
END;
```

8.3.4　循环控制语句

循环控制语句，用于重复执行一系列语句。循环控制包括 LOOP 和 EXIT 语句，使用 EXIT 语句表示立即退出循环，使用 EXIT WHEN 语句可以根据条件结束循环。循环结构共有三种类型，分别是简单循环、WHILE 循环和 FOR 循环。书写循环语句时，一定要特别注意循环结束条件，避免出现死循环。

1. 简单循环

语法：

```
LOOP
    STATEMENTS;
    EXIT WHEN 条件;
END LOOP;
```

例如，使用简单循环输出 1~6 的立方数。

```
DECLARE
    V_POWER NUMBER: = 1;
BEGIN
    LOOP
        DBMS_OUTPUT.PUT_LINE(V_POWER||'的立方为'||POWER(V_POWER,3));
        V_POWER: = V_POWER + 1;
        EXIT WHEN V_POWER > 6;
    END LOOP;
END;
```

要注意上边代码中循环退出条件的出现位置。把握一个原则：循环变量变化完后立刻做是否要退出循环的判断。

2. WHILE 循环

语法：

```
WHILE 条件 LOOP
```

```
      STATEMENTS;
  END LOOP;
```

例如,使用 WHILE 循环输出 1～6 的立方数。

```
DECLARE
  V_POWER NUMBER: = 1;
BEGIN
  WHILE V_POWER < 7
LOOP
    DBMS_OUTPUT.PUT_LINE(V_POWER||'的立方为'||POWER(V_POWER,3));
    V_POWER: = V_POWER + 1;
  END LOOP;
END;
```

3．FOR 循环

语法:

```
FOR 循环控制变量 IN [REVERSE] 下限 … 上限
  LOOP
    STATEMENTS;
END LOOP;
```

其中,循环控制变量主要用来控制循环次数,该变量不需要事先声明,循环次数取决于下限和上限的值;循环控制变量的值在循环体内部不可以改变。

例如,使用 FOR 循环输出 1～6 的立方数。

```
DECLARE
  V_POWER NUMBER: = 1;
BEGIN
  FOR I IN 1..6
  LOOP
    DBMS_OUTPUT.PUT_LINE(V_POWER||'的立方为'||POWER(V_POWER,3));
    V_POWER: = V_POWER + 1;
  END LOOP;
END;
```

8.4　游标

PL/SQL 程序中的 SELECT INTO FROM 子句只能用来处理查询返回是一行数据的情况,而在实际应用中,查询返回值为多行数据的情况很常见。为了处理查询语句返回多行数据的情况,Oracle 数据库在 PL/SQL 程序中引入了游标。

游标本质上是一个指向特定内存区域的指针,主要用来处理表中多行记录的情况,其分为隐式游标和显式游标。

1．隐式游标

在块中执行一个 SQL 语句时,服务器将自动创建一个隐式游标,该游标是内存中的

视频讲解

工作区,存储了执行 SQL 语句的结果,可以通过隐式游标的属性来了解操作的状态和结果,进而控制程序的流程。隐式游标可以使用名字 SQL 来访问,但要注意,通过 SQL 游标名总是只能访问前一个处理操作或单行查询操作的游标属性。隐式游标的属性如表 8-1 所示。

表 8-1　隐式游标的属性

属 性 名 称	说　　明
%ISOPEN	判断游标是否处于打开状态,隐式游标永远是 FALSE
%FOUND	单个 DML 操作成功为真,失败为假
%NOTFOUND	单个 DML 操作成功为假,失败为真
%ROWCOUNT	单个 DML 语句影响的行数

例:将 20 号部门所有员工工资提升 10%,并显示更新所影响的行数。

```
BEGIN
  UPDATE EMP SET SAL = SAL * 1.1 WHERE DEPTNO = 20;
  IF SQL % FOUND THEN
    DBMS_OUTPUT.PUT_LINE('更新'||SQL % ROWCOUNT||'条记录');
  ELSE
    DBMS_OUTPUT.PUT_LINE('没有更新记录');
  END IF;
END;
```

2. 显式游标

显式游标需要定义,在使用之前要打开并提取数据,使用完毕后要关闭,主要用于查询返回值是多行的情况。

1) 显式游标的使用

显式游标的使用包括声明游标、打开游标、提取数据和关闭游标 4 个步骤。

(1) 声明游标:出现在块的声明部分,定义游标名以及与其相对应的 SELECT 语句。声明游标语法为

```
CURSOR CURSOR_NAME[(参数 1[,参数 2]…)]  IS SELECT 子句;
```

其中,游标参数格式为:参数名 数据类型,此时要注意在指定参数数据类型时,不能指定宽度。

(2) 打开游标:此时执行游标所对应的 SELECT 语句,并将其查询结果读入特定内存区域,并且指针指向内存区域的首部,标识游标结果集合。如果游标查询语句中带有 FOR UPDATE 选项,OPEN 语句还将锁定数据库表中游标结果集合对应的数据行。打开游标语法为

```
OPEN CURSOR_NAME[(参数值 1[,参数值 2]…))];
```

(3) 提取数据:将检索结果集合中的数据行读入指定的变量中。提取数据语法为

```
FETCH CURSOR_NAME INTO 变量 1[,变量 2]…
```

执行 FETCH 语句时,每次返回一个数据行,然后自动将游标移动指向下一个数据行。当检索到最后一行数据时,如果再次执行 FETCH 语句,将操作失败,并将游标属性％NOTFOUND 置为 TRUE。所以每次执行完 FETCH 语句后,检查游标属性％NOTFOUND 就可以判断 FETCH 语句是否执行成功并返回一个数据行,以便确定是否给对应的变量赋予值。

(4)关闭游标:当提取和处理完游标结果集合数据后,应及时关闭游标,以释放该游标所占用的系统资源,并使该游标的工作区变成无效,此时不能再使用 FETCH 语句取其中数据。关闭后的游标可以使用 OPEN 语句重新打开。关闭游标语法为

```
CLOSE CURSOR_NAME;
```

例:写一个 PL/SQL 程序,查询每个员工的姓名和参加工作时间。

```
DECLARE
  CURSOR CUR1 IS SELECT EMPNO,ENAME,HIREDATE FROM EMP;  -- 声明游标
  V_EMPNO EMP.EMPNO % TYPE;
  V_ENAME EMP.ENAME % TYPE;
  V_HIREDATE EMP.HIREDATE % TYPE;
BEGIN
  OPEN CUR1;                                        -- 打开游标
  FETCH CUR1 INTO V_EMPNO,V_ENAME,V_HIREDATE;        -- 数据提取
  DBMS_OUTPUT.PUT_LINE(V_EMPNO||''||V_ENAME||''||V_HIREDATE||''||CUR1 % ROWCOUNT);
  CLOSE CUR1;                                        -- 关闭游标
END;
```

执行以上代码,结果如下。

```
SQL > SET SERVEROUTPUT ON
SQL > DECLARE
  2     CURSOR CUR1 IS SELECT EMPNO,ENAME,HIREDATE FROM EMP;   -- 声明游标
  3     V_EMPNO EMP.EMPNO % TYPE;
  4     V_ENAME EMP.ENAME % TYPE;
  5     V_HIREDATE EMP.HIREDATE % TYPE;
  6  BEGIN
  7     OPEN CUR1;                                        -- 打开游标
  8     FETCH CUR1 INTO V_EMPNO,V_ENAME,V_HIREDATE;        -- 数据提取
  9     DBMS_OUTPUT.PUT_LINE(V_EMPNO||''||V_ENAME||''||V_HIREDATE||''||CUR1 % ROWCOUNT);
 10     CLOSE CUR1;                                        -- 关闭游标
 11  END;
 12  /
7369  SMITH  17 - 12 月 - 80  1
PL/SQL 过程已成功完成。
```

结果分析:从上面的执行结果可以看到,程序只输出了 EMP 表的第 1 条记录,其余记录没有输出,原因在于数据提取只执行了一次,所以需要把数据提取操作放到循环中进行,而循环需要控制循环退出,此时需要结合显式游标的属性使用。

2)显式游标属性

显式游标属性名与隐式游标一样,但其含义不一样,显式游标属性具体见表 8-2。

表 8-2　显式游标属性

属 性 名 称	说　　明
%ISOPEN	判断游标是否处于打开状态,试图打开一个已经打开或者已经关闭的游标,将会出现错误
%FOUND	数据提取成功为真,失败为假
%NOTFOUND	数据提取失败为真,成功为假
%ROWCOUNT	数据提取的行数(行数既可以代表当前提取第几行,也表示已提取多少行)

注:从表 8-2 可以看到,除%ISOPEN 属性外,显式游标的其余三个属性都是与数据提取操作相关的,所以在使用这三个属性之前,一定要有一个游标数据提取操作。

对上面的实例做进一步修改,用简单循环实现。

```
DECLARE
  CURSOR CUR1 IS SELECT EMPNO,ENAME,HIREDATE FROM EMP;
  V_EMPNO EMP.EMPNO % TYPE;
  V_ENAME EMP.ENAME % TYPE;
  V_HIREDATE EMP.HIREDATE % TYPE;
BEGIN
  OPEN CUR1;
  LOOP
   FETCH CUR1 INTO V_EMPNO,V_ENAME,V_HIREDATE;
    EXIT WHEN CUR1 % NOTFOUND;
    DBMS_OUTPUT.PUT_LINE(V_EMPNO||''||V_ENAME||''||V_HIREDATE||''||CUR1 % ROWCOUNT);
  END LOOP;
  CLOSE CUR1;
END;
```

此时,执行结果为

```
SQL > DECLARE
    2    CURSOR CUR1 IS SELECT EMPNO,ENAME,HIREDATE FROM EMP;
    3    V_EMPNO EMP.EMPNO % TYPE;
    4    V_ENAME EMP.ENAME % TYPE;
    5    V_HIREDATE EMP.HIREDATE % TYPE;
    6  BEGIN
    7    OPEN CUR1;
    8    LOOP
    9    FETCH CUR1 INTO V_EMPNO,V_ENAME,V_HIREDATE;
   10     EXIT WHEN CUR1 % NOTFOUND;
   11     DBMS_OUTPUT.PUT_LINE(V_EMPNO||''||V_ENAME||''||V_HIREDATE||''||CUR1 % ROWCOUNT);
   12    END LOOP;
   13    CLOSE CUR1;
   14  END;
   15  /
7369  SMITH  17 - 12 月 - 80  1
7499  ALLEN  20 - 2 月 - 81  2
7521  WARD   22 - 2 月 - 81  3
7566  JONES  02 - 4 月 - 81  4
7654  MARTIN 28 - 9 月 - 81  5
7698  BLAKE  01 - 5 月 - 81  6
```

```
7782   CLARK   09 - 6 月 - 81    7
7788   SCOTT   19 - 4 月 - 87    8
7839   KING    17 - 11 月 - 81   9
7844   TURNER  08 - 9 月 - 81    10
7876   ADAMS   23 - 5 月 - 87    11
7900   JAMES   03 - 12 月 - 81   12
7902   FORD    03 - 12 月 - 81   13
7934   MILLER  23 - 1 月 - 82    14
PL/SQL 过程已成功完成。
```

结果分析：此时程序把 emp 表中的所有记录全部输出,游标数据提取操作出现作为循环体的主要处理内容,循环退出条件使用显式游标的％NOTFOUND 属性,且要注意该条件出现的位置。

将上边代码的第 10 和第 11 行代码互换后,执行相应的程序,结果如下。

```
SQL > DECLARE
  2     CURSOR CUR1 IS SELECT EMPNO,ENAME,HIREDATE FROM EMP;
  3     V_EMPNO EMP.EMPNO % TYPE;
  4     V_ENAME EMP.ENAME % TYPE;
  5     V_HIREDATE EMP.HIREDATE % TYPE;
  6  BEGIN
  7     OPEN CUR1;
  8     LOOP
  9      FETCH CUR1 INTO V_EMPNO,V_ENAME,V_HIREDATE;
 10      DBMS_OUTPUT.PUT_LINE(V_EMPNO||''||V_ENAME||''||V_HIREDATE||''||CUR1 % ROWCOUNT);
 11      EXIT WHEN CUR1 % NOTFOUND;
 12     END LOOP;
 13     CLOSE CUR1;
 14  END;
 15  /
7369   SMITH   17 - 12 月 - 80   1
7499   ALLEN   20 - 2 月 - 81    2
7521   WARD    22 - 2 月 - 81    3
7566   JONES   02 - 4 月 - 81    4
7654   MARTIN  28 - 9 月 - 81    5
7698   BLAKE   01 - 5 月 - 81    6
7782   CLARK   09 - 6 月 - 81    7
7788   SCOTT   19 - 4 月 - 87    8
7839   KING    17 - 11 月 - 81   9
7844   TURNER  08 - 9 月 - 81    10
7876   ADAMS   23 - 5 月 - 87    11
7900   JAMES   03 - 12 月 - 81   12
7902   FORD    03 - 12 月 - 81   13
7934   MILLER  23 - 1 月 - 82    14
7934   MILLER  23 - 1 月 - 82    14
PL/SQL 过程已成功完成。
```

结果分析：此时看到,把第 10 和第 11 行代码互换后,执行结果中多了一条重复记录。这说明循环退出条件判断时机出了问题。把握好一个原则：游标数据提取操作之后,立刻进行是否退出循环的判断,判断完再执行后续操作。

用 while 循环实现上面的实例。

```
DECLARE
    CURSOR CUR1 IS SELECT EMPNO,ENAME,HIREDATE FROM EMP;
    V_EMPNO EMP.EMPNO % TYPE;
    V_ENAME EMP.ENAME % TYPE;
    V_HIREDATE EMP.HIREDATE % TYPE;
BEGIN
    OPEN CUR1;
FETCH CUR1 INTO V_EMPNO,V_ENAME,V_HIREDATE;
WHILE CUR1 % FOUND
    LOOP
        DBMS_OUTPUT.PUT_LINE(V_EMPNO||'   '||V_ENAME||''||V_HIREDATE||''||CUR1 % ROWCOUNT);
        FETCH CUR1 INTO V_EMPNO,V_ENAME,V_HIREDATE;
    END LOOP;
    CLOSE CUR1;
END;
```

代码分析：从上面的代码可以看到，WHILE 循环和简单循环的循环体执行逻辑是不同的，原因就在于显式游标属性的特点。WHILE 循环需要用游标的％FOUND 属性，所以在 WHILE 执行之前，必须先执行一次提取操作。另外，上面的几个实例代码都有一个问题：当属性的信息比较多时，变量声明部分代码比较长，可以使用游标记录变量进行代码优化。

3. 游标记录变量

声明的游标可以看作一个记录变量，此时可以声明游标记录变量，与已有游标结构保持一致，声明方法为

```
记录变量名 游标名 % ROWTYPE;
```

对上面 WHILE 循环的例子代码进一步优化：

```
DECLARE
    CURSOR CUR1 IS SELECT EMPNO,ENAME,HIREDATE FROM EMP;
    REC_CUR1 CUR1 % ROWTYPE;  -- 声明游标记录变量
BEGIN
    OPEN CUR1;
FETCH CUR1 INTO REC_CUR1;
WHILE CUR1 % FOUND
    LOOP
        DBMS_OUTPUT.PUT_LINE(CUR1 % ROWCOUNT||'   '||REC_CUR1.EMPNO||''||REC_CUR1.ENAME||''||
REC_CUR1.HIREDATE);
        FETCH CUR1 INTO REC_CUR1;
    END LOOP;
    CLOSE CUR1;
END;
```

代码分析：使用游标记录变量后，变量声明和提取操作都比原来简单了。

4. FOR 循环处理游标

使用 FOR 循环处理游标时，相比简单循环和 WHILE 循环，要更加快捷。当 FOR

循环开始时,游标自动打开(不需要 OPEN),每循环一次,系统自动读取一次游标当前行的数据(不需要 FETCH),当退出 FOR 循环时,游标自动关闭(不需要使用 CLOSE)。使用游标 FOR 循环的时候不能使用 OPEN 语句、FETCH 语句和 CLOSE 语句,否则会产生错误。语法形式为

```
FOR 循环控制变量 IN CURSOR[(参数值 1[,参数值 2]…)]
LOOP
    循环体;
END LOOP;
```

其中,循环控制变量为游标 FOR 循环语句隐含声明的索引变量,该变量为记录变量,其结构与游标查询语句返回的集合的结构相同。在程序中可以通过引用该索引记录变量元素来读取所提取的游标数据。如果在游标查询语句的选择列表中存在计算列,则必须为这些计算列指定别名后才能通过游标 FOR 循环语句中的索引变量来访问这些列数据。另外,PL/SQL 程序还允许在游标 FOR 循环语句中使用子查询来实现游标功能。

FOR 循环处理游标举例:写一个 PL/SQL 程序,查询每个员工的姓名和参加工作时间,要求使用 FOR 循环处理游标。

```
DECLARE
    CURSOR CUR1 IS SELECT EMPNO,ENAME,HIREDATE FROM EMP;
BEGIN
    FOR REC_CUR1 IN CUR1
    LOOP
        DBMS_OUTPUT.PUT_LINE(REC_CUR1.EMPNO||' '||REC_CUR1.ENAME||''||REC_CUR1.HIREDATE||''
||CUR1 % ROWCOUNT);
        END LOOP;
END;
```

FOR 循环处理游标使用子查询举例:写一个 PL/SQL 程序,查询每个部门的部门号和平均工资,要求使用 FOR 循环处理游标。

```
BEGIN
    -- 下边的子查询中 AVG(SAL)函数必须起别名,否则报错
    FOR REC_CUR1 IN (SELECT DEPTNO,AVG(SAL) AVGSAL FROM EMP GROUP BY DEPTNO)
    LOOP
DBMS_OUTPUT.PUT_LINE(REC_CUR1.DEPTNO||'号部门的平均工资为: '||REC_CUR1.AVGSAL);
    END LOOP;
END;
```

5. 带有参数的游标

声明游标时可以指定输入参数,在打开游标时指定对应参数的值。使用参数游标可以在一定程度上增强代码通用性。

例如,写一个 PL/SQL 程序,查询特定部门每个员工的姓名和参加工作时间。

```
DECLARE
    CURSOR CUR1(V_DEPTNO EMP.DEPTNO % TYPE) IS SELECT EMPNO,ENAME,HIREDATE FROM EMP WHERE
DEPTNO = V_DEPTNO;                    -- 声明带有参数的游标
```

```
    REC_CUR1 CUR1 % ROWTYPE;
BEGIN
  OPEN CUR1(20);              -- 打开游标时传递具体值
  FETCH CUR1 INTO REC_CUR1; -- 数据提取和关闭游标时不需要指定参数
  WHILE CUR1 % FOUND
  LOOP
    DBMS_OUTPUT.PUT_LINE(REC_CUR1.EMPNO||'员工的姓名: '||REC_CUR1.ENAME||' '||'参加工作
时间为: '||REC_CUR1.HIREDATE); 、
    FETCH CUR1 INTO REC_CUR1;
  END LOOP;
  CLOSE CUR1;
END;
```

6. 使用游标处理表中特定记录

在 SQL 部分,对表中特定数据的处理引入了 ROWNUM 伪列,ROWNUM 伪列的使用具有一定的特殊性,稍不注意就得不到需要的结果。本节介绍使用游标的％ROWCOUNT属性处理表中特定记录。

例:使用游标查询 emp 表的第 2、第 4、第 6 和第 8 条记录。

```
DECLARE
  CURSOR CUR1 IS SELECT * FROM EMP;
  REC_CUR1 CUR1 % ROWTYPE;
BEGIN
  OPEN CUR1;
  LOOP
    FETCH CUR1 INTO REC_CUR1;
      EXIT WHEN CUR1 % NOTFOUND;
    IF CUR1 % ROWCOUNT IN(2,4,6,8) THEN
      DBMS_OUTPUT.PUT_LINE(CUR1 % ROWCOUNT||''REC_CUR1.EMPNO||' '||REC_CUR.ENAME);
    END IF;
  END LOOP;
  CLOSE CUR1;
END;
```

代码分析:通过使用游标的％ROWCOUNT属性实现了表中特定记录的处理,但要注意,此时的游标仍然读取了表的所有记录,并全部提取了一遍,所以该段代码虽然能够实现需求,但效率不高。

视频讲解

8.5　异常处理

PL/SQL 中将程序执行过程中遇到的错误称为异常。异常可能是由于系统错误、用户错误或应用程序错误而导致的。默认情况下,当发生异常时会终止 PL/SQL 的执行。通过引入异常处理部分,使程序在发生异常的情况下也能够执行。Oracle 提供了预定义异常、非预定义异常和用户定义异常三种类型。

异常处理的结构:

```
EXCEPTION
    WHEN 异常 1 THEN
      处理 1;
    WHEN 异常 2 OR 异常 3 THEN
      处理 2;
    ...
    WHEN OTHERS THEN
      处理 N;
```

注意：异常处理时异常的处理顺序是随意的，但如有 OTHERS 异常，则一定是最后一个处理的异常。

1. 系统预定义异常

系统对经常发生的错误进行了预定义处理，在处理预定义异常时，只需要在 PL/SQL 程序块的异常处理部分，直接使用相应的异常情况名并对其进行相应的异常错误处理即可。常见的预定义异常如表 8-3 所示。

表 8-3　系统预定义异常

错　误　号	异常错误信息名称	说　　明
ORA-0001	Dup_val_on_index	违反了唯一性限制
ORA-0051	Timeout-on-resource	在等待资源时发生超时
ORA-0061	Transaction-backed-out	由于发生死锁事务被撤销
ORA-1001	Invalid-CURSOR	试图使用一个无效的游标
ORA-1012	Not-logged-on	没有连接到 Oracle
ORA-1017	Login-denied	无效的用户名/口令
ORA-1403	No_data_found	SELECT INTO 没有找到数据
ORA-1422	Too_many_rows	SELECT INTO 返回多行
ORA-1476	Zero-divide	试图被零除
ORA-1722	Invalid-NUMBER	转换一个数字失败
ORA-6500	Storage-error	内存不够引发的内部错误
ORA-6501	Program-error	内部错误
ORA-6502	Value-error	转换或截断错误
ORA-6504	Rowtype-mismatch	宿主游标变量与 PL/SQL 变量有不兼容行类型
ORA-6511	CURSOR-already-OPEN	试图打开一个已处于打开状态的游标
ORA-6530	Access-INTO-null	试图为 null 对象的属性赋值
ORA-6531	Collection-is-null	试图将 Exists 以外的集合（Collection）方法应用于一个 NULL PL/SQL 表上
ORA-6532	Subscript-outside-limit	对嵌套或索引的引用超出声明范围
ORA-6533	Subscript-beyond-count	对嵌套或索引的引用大于集合中元素的个数

预定义异常使用举例：

```
DECLARE
  CURSOR CUR1 IS SELECT EMPNO,ENAME,HIREDATE FROM EMP;
  REC_CUR1 CUR1 % ROWTYPE;
```

```
BEGIN
  FETCH CUR1 INTO REC_CUR1;
  WHILE CUR1 % FOUND
  LOOP
    DBMS_OUTPUT.PUT_LINE(REC_CUR1.EMPNO);
    FETCH CUR1 INTO REC_CUR1;
  END LOOP;
  CLOSE CUR1;
EXCEPTION
    WHEN INVALID_CURSOR THEN
    DBMS_OUTPUT.PUT_LINE('游标未打开');
END;
```

代码分析：上面的代码中，数据提取操作之前并没有打开游标的操作，游标未打开就使用属于异常，添加异常处理代码，使用系统预定义异常 INVALID_CURSOR 进行对应异常处理，此时可保证代码仍然正常运行。执行结果如下。

```
SQL > DECLARE
    2    CURSOR CUR1 IS SELECT EMPNO,ENAME,HIREDATE FROM EMP;
    3    REC_CUR1 CUR1 % ROWTYPE;
    4  BEGIN
    5    FETCH CUR1 INTO REC_CUR1;
    6    WHILE CUR1 % FOUND
    7    LOOP
    8     DBMS_OUTPUT.PUT_LINE(REC_CUR1.EMPNO);
    9     FETCH CUR1 INTO REC_CUR1;
   10    END LOOP;
   11    CLOSE CUR1;
   12  EXCEPTION
   13     WHEN INVALID_CURSOR THEN
   14       DBMS_OUTPUT.PUT_LINE('游标未打开');
   15  END;
   16  /
游标未打开
PL/SQL 过程已成功完成。
```

2. 非预定义异常

非预定义异常，即其他标准的 Oracle 错误。对这种异常情况的处理，需要用户在程序中定义，然后由 Oracle 自动将其引发。对于这类异常情况的处理，首先必须对非定义的 Oracle 错误进行定义。步骤如下。

(1) 在 PL/SQL 块的声明部分定义异常情况：

```
异常名 EXCEPTION;
```

(2) 将定义好的异常名与标准的 Oracle 错误联系起来，使用 EXCEPTION_INIT 语句：

```
PRAGMA EXCEPTION_INIT(异常名,错误代码);
```

(3) 在 PL/SQL 块的异常情况处理部分对异常情况做出相应的处理。

非预定义异常使用举例：

```
DECLARE
  EX_DEPT_FK EXCEPTION;
  PRAGMA EXCEPTION_INIT(EX_DEPT_FK, -2292);
BEGIN
  DELETE FROM DEPT WHERE DEPTNO = 10;
EXCEPTION
  WHEN EX_DEPT_FK THEN
    DBMS_OUTPUT.PUT_LINE('10 部门还有员工,不能删除!');
END;
```

注意：非预定义异常需要与 Oracle 数据库标准错误编号比较熟悉，对编程者要求较高。

3. 用户自定义异常

程序执行过程中，可能出现编程人员认为的非正常情况，对这种异常情况的处理，需要用户在程序中定义，然后显式地在程序中将其引发。用户定义的异常错误是通过显式使用 RAISE 语句来触发的。当引发一个异常错误时，控制就转向到异常错误部分，执行错误处理代码。

用户自定义异常使用的三个步骤如下。

（1）声明异常：在块的声明部分声明，语法为

异常名 EXCEPTION;

（2）激活异常：在块的执行部分满足特定条件时激活，语法为

RAISE 异常名;

（3）处理异常：在块的异常处理部分对自定义异常进行处理。

例：通过用户自定义异常，实现预定义异常 NO_DATA_FOUND 和 TOO_MANY_ROWS 的功能。

```
DECLARE
  V_SAL EMP.SAL % TYPE;
  V_EMPNO EMP.EMPNO % TYPE;
  NO_DATA_FOUND1 EXCEPTION;
  TOO_MANY_ROWS1 EXCEPTION;
  V_COUNT INT;
BEGIN
  V_EMPNO: = &V_EMPNO;
  SELECT COUNT( * ) INTO V_COUNT FROM EMP WHERE EMPNO = V_EMPNO;
  IF V_COUNT = 0 THEN
    RAISE NO_DATA_FOUND1;
  ELSIF V_COUNT = 1 THEN
    RAISE TOO_MANY_ROWS;
  ELSE
   . SELECT SAL INTO V_SAL FROM EMP WHERE EMPNO = V_EMPNO;
    IF V_SAL > 3000 THEN
```

```
      DBMS_OUTPUT.PUT_LINE(V_EMPNO||'高工资');
    ELSIF V_SAL BETWEEN 2000 AND 3000 THEN
      DBMS_OUTPUT.PUT_LINE(V_EMPNO||'一般工资');
    ELSE
      DBMS_OUTPUT.PUT_LINE(V_EMPNO||'低工资');
    END IF;
  END IF;
EXCPTION
  WHEN NO_DATA_FOUND1 THEN
  DBMS_OUTPUT.PUT_LINE(V_EMPNO||'不存在');
  WHEN NO_DATA_FOUND1 THEN
  DBMS_OUTPUT.PUT_LINE(V_EMPNO||'有多个');
END;
```

代码分析：上述代码使用用户自定义异常实现了预定义异常 NO_DATA_FOUND 和 TOO_MANY_ROWS 的功能，使用用户自定义异常的关键是异常激活条件的设置，这需要学习者认真思考。

4. RAISE_APPLICATION_ERROR 函数

用户可以调用 DBMS_STANDARD 包所包含的 RAISE_APPLICATION_ERROR 函数重新定义异常错误消息，该函数为应用程序提供了一种与 Oracle 交互的方法。

RAISE_APPLICATION_ERROR 函数的语法如下。

```
RAISE_APPLICATION_ERROR(错误编号,错误信息,[KEEP_ERRORS]);
```

其中，错误编号取值为 -20000 ~ -20099 的任意一个数，错误信息是对错误进行描述的字符串。KEEP_ERRORS 为可选，如果 KEEP_ERRORS=TRUE，则新错误将被添加到已经引发的错误列表中。如果 KEEP_ERRORS=FALSE（默认），则新错误将替换当前的错误列表。

RAISE_APPLICATION_ERROR 函数使用举例：

```
DECLARE
  V_SAL EMP.SAL % TYPE;
  V_EMPNO EMP.EMPNO % TYPE;
  V_COUNT INT;
BEGIN
  V_EMPNO: = &V_EMPNO;
  SELECT COUNT( * ) INTO V_COUNT FROM EMP WHERE EMPNO = V_EMPNO;
  IF V_COUNT = 0 THEN
    RAISE_APPLICATION_ERROR( - 20001,V_EMPNO||'不存在');
  ELSE
   SELECT SAL INTO V_SAL FROM EMP WHERE EMPNO = V_EMPNO;
   IF V_SAL > 3000 THEN
     DBMS_OUTPUT.PUT_LINE(V_EMPNO||'高工资');
   ELSIF V_SAL BETWEEN 2000 AND 3000 THEN
     DBMS_OUTPUT.PUT_LINE(V_EMPNO||'一般工资');
   ELSE
     DBMS_OUTPUT.PUT_LINE(V_EMPNO||'低工资');
    END IF;
```

```
    END IF;
 END;
```

从上面的代码可以看出，RAISE_APPLICATION_ERROR 函数也需要激活条件，该函数与上述三种异常处理方式的区别是没有异常处理部分。需要注意的是，使用该函数只是对错误信息进行了重定义，当错误发生时，并不能保证程序的正常运行。如上面的代码执行时，输入工号为 2000，程序执行出错，如下所示。

```
SQL > DECLARE
   2     V_SAL EMP.SAL % TYPE;
   3     V_EMPNO EMP.EMPNO % TYPE;
   4     V_COUNT INT;
   5   BEGIN
   6     V_EMPNO: = &V_EMPNO;
   7     SELECT COUNT( * ) INTO V_COUNT FROM EMP WHERE EMPNO = V_EMPNO;
   8     IF V_COUNT = 0 THEN
   9       RAISE_APPLICATION_ERROR( - 20001,V_EMPNO||'不存在');
  10     ELSE
  11      SELECT SAL INTO V_SAL FROM EMP WHERE EMPNO = V_EMPNO;
  12      IF V_SAL > 3000 THEN
  13        DBMS_OUTPUT.PUT_LINE(V_EMPNO||'高工资');
  14      ELSIF V_SAL BETWEEN 2000 AND 3000 THEN
  15        DBMS_OUTPUT.PUT_LINE(V_EMPNO||'一般工资');
  16      ELSE
  17        DBMS_OUTPUT.PUT_LINE(V_EMPNO||'低工资');
  18      END IF;
  19     END IF;
  20   END;
  21   /
输入 V_EMPNO 的值: 2000
原值      6: V_EMPNO: = &V_EMPNO;
新值      6: V_EMPNO: = 2000;
DECLARE
 *
第 1 行出现错误:
ORA - 20001: 2000 不存在
ORA - 06512: 在 LINE 9
```

习题

1. 编写一个 PL/SQL 程序，统计输出部门名称、部门总人数、总工资和部门经理名。

2. 编写一个 PL/SQL 程序，插入新雇员，限定插入雇员的编号为 7000～8000。

3. 编写一个 PL/SQL 程序，从工资最低的雇员开始，为每个人增加 10% 的工资，限定所增加的工资总额为 800 元，显示雇员名、旧工资和新工资。

4. 编写一个 PL/SQL 程序，按部门编号从小到大的顺序输出雇员名、工资以及工资与平均工资的差。

5. 编写一个 PL/SQL 程序，为所有雇员增加工资，1000 元以内加 30%，1000～2500 元加 20%，2500 元以上的加 10%。

第 **9** 章

存储过程与函数

CHAPTER **9**

学习目标
- 了解命名块和未命名块的特点。
- 掌握存储过程的定义和调用方法。
- 掌握函数的定义和调用方法。
- 熟悉包的定义和调用方法。

程序块只有在服务器端编译并长时间存储,才能实现最大程度的共享。PL/SQL 程序中可以给块命名,称为命名块,最常用的命名块包含存储过程、函数、包和触发器,它们都是在服务器端编译并长时间存储在数据库中。本章将分别对存储过程、函数和包进行详细介绍。触发器相关内容在第 10 章讨论。

🔑 9.1　存储过程和函数概述

存储过程和函数也是一种 PL/SQL 块,是存入数据库的 PL/SQL 块。但其不同于已经介绍过的 PL/SQL 程序,通常把 PL/SQL 程序称为未命名块,而存储过程和函数是以命名的方式存储于数据库中的。和 PL/SQL 程序未命名块相比,存储过程和函数等命名块有很多优点,主要有以下几点。

(1) 存储过程和函数以命名的数据库对象形式存储于数据库当中。存储在数据库中的优点是很明显的,因为代码不保存在本地,用户可以在任何客户机上登录到数据库,并调用或修改代码。

(2) 存储过程和函数可由数据库提供安全保证,要想使用存储过程和函数,需要由存储过程和函数的所有者授权,只有被授权的用户或创建者本身才能执行存储过程或调用函数。

(3) 存储过程和函数的信息是写入数据字典的,所以存储过程可以看作一个公用模块,用户编写的 PL/SQL 程序或其他存储过程都可以调用它(但存储过程和函数不能调用 PL/SQL 程序)。一个重复使用的功能,可以设计成为存储过程,例如,显示一张工资统计表,可以设计成为存储过程;一个经常调用的计算,可以设计成为存储函数;根据雇员编号返回雇员的姓名,可以设计成存储函数。

(4) 像其他高级语言的过程和函数一样,可以传递参数给存储过程或函数,参数的传递也有多种方式。存储过程和函数的区别是存储过程没有返回值,而函数有且仅有一个返回值。

存储过程和函数需要进行编译,以排除语法错误,只有编译通过才能调用。

🔑 9.2　存储过程

9.2.1　创建存储过程

用户创建存储过程,需要有 CREATE PROCEDURE 或 CREATE ANY PROCEDURE 的系统权限。该权限通常由系统管理员授予,创建存储过程的语法如下。

视频讲解

```
CREATE [OR REPLACE] PROCEDURE PROC_NAME[(参数名 [IN | OUT | IN OUT] TYPE [,…])]
IS|AS
  声明部分;
BEGIN
  执行部分;
```

```
EXCEPTION
    异常处理部分;
END PROC_NAME;
```

其中：

- 可选关键字 OR REPLACE 表示如果存储过程已经存在，则用新的存储过程覆盖已有存储过程，通常用于存储过程的修改和重建。
- 参数部分用于定义多个参数（如果没有参数，就可以省略）。参数有三种形式：IN、OUT 和 IN OUT。如果没有指明参数的形式，则默认认为 IN。
- 关键字 AS 或者 IS 后跟过程的说明部分，可以在此定义过程的局部变量。

编写存储过程可以使用任何文本编辑器或直接在 SQL ＊ Plus 环境下进行，编写好的存储过程必须要在 SQL ＊ Plus 环境下进行编译，生成编译代码，原代码和编译代码在编译过程中都会被存入数据库。编译成功的存储过程就可以在 Oracle 环境下调用了。

【**例 9-1**】　写一个存储过程，显示雇员表 EMP 中的雇员人数。

```
CREATE OR REPLACE PROCEDURE PROC_COUNT
AS
V_TOTAL NUMBER(3);                                  -- 声明一个变量,用于存储雇员人数
BEGIN
    SELECT COUNT( * ) INTO V_TOTAL FROM EMP;        -- 把人数存入变量
    DBMS_OUTPUT.PUT_LINE('雇员总人数为: '||V_TOTAL); -- 输出人数信息
END;
```

上述代码的执行结果为

```
SQL > CREATE OR REPLACE PROCEDURE PROC_COUNT
  2   AS
  3   V_TOTAL NUMBER(3);                -- 声明一个变量,用于存储雇员人数
  4   BEGIN
  5       SELECT COUNT( * ) INTO V_TOTAL FROM EMP;        -- 把人数存入变量
  6       DBMS_OUTPUT.PUT_LINE('雇员总人数为: '||V_TOTAL); -- 输出人数信息
  7   END;
  8   /
过程已创建。
```

从上面的执行结果可以看到，命名块与未命名块的执行结果提示也是不一样的。存储函数编译后需要调用才能执行相应的功能。

9.2.2　调用存储过程

创建过程后，该过程就存储在数据库中，用户可以调用执行。存储过程的执行有两种方式：一是使用 EXECUTE 执行过程，另一种是在其他块（未命名块或者命名块）中调用执行。执行（或调用）存储过程的用户可以是过程的创建者或是拥有 EXECUTE ANY PROCEDURE 系统权限的用户或是被拥有者授予 EXECUTE 权限的用户。

1. EXECUTE 执行存储过程

使用 EXECUTE 执行存储过程的语法为

```
EXECUTE PROC_NAME[(参数值1[,参数值2]…)];
```

例：执行 PROC_COUNT 过程。

```
SQL > SET SERVEROUTPUT ON
SQL > EXECUTE PROC_COUNT;
雇员总人数为：15
PL/SQL 过程已成功完成。
```

要注意 EXECUTE 调用方式不能用在 PL/SQL 程序中。

2. 块中调用执行存储过程

可以在块中调用已创建的存储过程。

【例 9-2】　写一个存储过程 PROC_INFO，查询雇员的表中所有员工的工号、姓名和参加工作时间，并调用 PROC_NAME 存储过程显示员工总人数。

```
--- 创建 PROC_INFO 存储过程,在存储过程内部调用已创建的存储过程 ---
CREATE OR REPLACE PROCEDURE PROC_INFO
IS
    CURSOR CUR1 IS SELECT EMPNO,ENAME,HIREDATE FROM EMP;
BEGIN
    FOR REC_CUR1 IN CUR1 LOOP
        DBMS_OUTPUT.PUT_LINE('员工工号：'||REC_CUR1.EMPNO||' '||'姓名：'||REC_CUR1.ENAME||'
'||'参加工作时间：'||REC_CUR1.HIREDATE);
    END LOOP;
    PROC_COUNT; -- 注意存储过程的调用方式,不能作为其他表达式的一部分
END;
--- 在命名块中调用 PROC_INFO 并执行 ---
SQL > BEGIN
    2      PROC_INFO;
    3    END;
    4  /
员工工号：1111 姓名：HELLEN 参加工作时间：
员工工号：7369 姓名：SMITH 参加工作时间：17-12月-80
员工工号：7499 姓名：ALLEN 参加工作时间：20-2月-81
员工工号：7521 姓名：WARD 参加工作时间：22-2月-81
员工工号：7566 姓名：JONES 参加工作时间：02-4月-81
员工工号：7654 姓名：MARTIN 参加工作时间：28-9月-81
员工工号：7698 姓名：BLAKE 参加工作时间：01-5月-81
员工工号：7782 姓名：CLARK 参加工作时间：09-6月-81
员工工号：7788 姓名：SCOTT 参加工作时间：19-4月-87
员工工号：7839 姓名：KING 参加工作时间：17-11月-81
员工工号：7844 姓名：TURNER 参加工作时间：08-9月-81
员工工号：7876 姓名：ADAMS 参加工作时间：23-5月-87
员工工号：7900 姓名：JAMES 参加工作时间：03-12月-81
员工工号：7902 姓名：FORD 参加工作时间：03-12月-81
员工工号：7934 姓名：MILLER 参加工作时间：23-1月-82
雇员总人数为：15
PL/SQL 过程已成功完成。
```

9.2.3　带有参数的存储过程

PL/SQL 中可以定义带有参数的存储过程，通过参数向存储过程传递数据或从存储过程内部向外传出值。正确地使用参数可以大大增加存储过程的灵活性和通用性。

存储过程参数的类型有三种，分别为 IN、OUT 和 IN OUT 参数，默认是 IN 参数，具体说明如表 9-1 所示。

表 9-1　参数的类型

参 数 类 型	说　　　明
IN	定义一个输入参数变量，用于传递参数给存储过程
OUT	定义一个输出参数变量，用于从存储过程获取数据
IN OUT	定义一个输入、输出参数变量，兼有以上两者的功能

参数的定义形式和作用如下。

（1）形式 1：参数名 IN 数据类型 DEFAULT 值。定义一个输入参数变量，用于传递参数给存储过程。在调用存储过程时，主程序的实际参数可以是常量、有值变量或表达式等。DEFAULT 关键字为可选项，用来设定参数的默认值。如果在调用存储过程时不指明参数，则参数变量取默认值。在存储过程中，输入变量接收主程序传递的值，但不能对其进行赋值。

（2）形式 2：参数名 OUT 数据类型。定义一个输出参数变量，用于从存储过程获取数据，即变量从存储过程中返回值给主程序。在调用存储过程时，主程序的实际参数只能是一个变量，而不能是常量或表达式。在存储过程中，参数变量只能被赋值而不能将其用于赋值，在存储过程中必须给输出变量至少赋值一次。

（3）形式 3：参数名 IN OUT 数据类型 DEFAULT 值。定义一个输入、输出参数变量，兼有以上两者的功能。在调用存储过程时，主程序的实际参数只能是一个变量，而不能是常量或表达式。DEFAULT 关键字为可选项，用来设定参数的默认值。在存储过程中，变量接收主程序传递的值，同时可以参加赋值运算，也可以对其进行赋值。在存储过程中必须给变量至少赋值一次。

说明：在编写代码时，应尽量让参数的作用单一，所以 IN OUT 类型的参数建议少用。

【例 9-3】　带有输入参数的存储过程：写一个存储过程 PROC_ENAME，输出特定员工的姓名。

```
CREATE OR REPLACE PROCEDURE PROC_ENAME
(V_EMPNO IN EMP.EMPNO % TYPE)
IS
  V_ENAME EMP.ENAME % TYPE;
BEGIN
  SELECT ENAME INTO V_ENAME FROM EMP WHERE EMPNO = V_EMPNO;
  DBMS_OUTPUT.PUT_LINE(V_EMPNO||'的姓名: '||V_ENAME);
EXCEPTION
  WHEN NO_DATA_FOUND THEN
```

```
   DBMS_OUTPUT.PUT_LINE(V_EMPNO||'不存在');
END;
```

调用带有输入参数的存储过程时,需要给输入参数一个具体值。如调用 PROC_ENAME 存储过程方式如下。

```
--- 利用 EXECUTE 调用 ---
EXECUTE PROC_ENAME(7788);
--- 在块中调用 ---
BEGIN
  PROC_ENAME(7788);
END;
```

说明:参数的值由调用者传递,传递的参数的个数、类型和顺序应该和定义的一致。如果顺序不一致,可以采用=>运算符给参数赋值调用方法,=>运算符左侧是参数名,右侧是参数表达式,这种赋值方法的意义较清楚,更灵活。如上例,执行语句可以改为

```
PROC_ENAME(V_EMPNO = > 7788);
```

【例 9-4】 带有输出参数的存储过程:写一个存储过程 PROC_OUT1,利用输出参数输出特定员工的姓名。

```
CREATE OR REPLACE PROCEDURE PROC_OUT1
(V_EMPNO IN EMP.EMPNO % TYPE,V_ENAME OUT EMP.ENAME % TYPE)
IS
BEGIN
  SELECT ENAME INTO V_ENAME FROM EMP WHERE EMPNO = V_EMPNO;
EXCEPTION
  WHEN NO_DATA_FOUND THEN
  DBMS_OUTPUT.PUT_LINE(V_EMPNO||'不存在');
END;
```

调用带有输出参数的存储过程时,需要给输出参数传递一个变量名。PROC_OUT1 的调用方式如下。

```
--- 在块中调用 ---
DECLARE
  V_ENAME1 EMP.ENAME % TYPE;
BEGIN
 PROC_OUT1(7788,V_ENAME1);   -- 这时输出参数传递的是一个变量名
   DBMS_OUTPUT.PUT_LINE(V_ENAME1);
END;
```

由于需要向输出参数传递一个变量名,用 EXECUTE 调用带有输出参数的存储过程时,需要传递一个类似于全局性的变量,PL/SQL 程序中称为绑定变量,绑定变量的使用如下。

```
VARIABLE 变量名 数据类型;      -- 声明一个绑定变量
EXECUTE :变量名: = VALUE;      -- 给绑定变量赋值,注意绑定变量的使用为冒号加变量名
PRINT :变量名                  -- 打印绑定变量的值
      --- 利用 EXECUTE 调用执行 PROC_OUT1 ---
```

```
SQL > VARIABLE V_ENAME1 VARCHAR2(20);
SQL > EXECUTE PROC_OUT1(7788,:V_ENAME1);
PL/SQL 过程已成功完成。
SQL > PRINT :V_ENAME1;
V_ENAME1
-----------------------------------
SCOTT
```

9.2.4　删除存储过程

删除存储过程的语法为

```
Drop procedure PROC_NAME;
```

例如，删除已创建的 PROC_OUT1：

```
Drop procedure PROC_out1;
```

视频讲解

🔑 9.3　函数

函数用于计算和返回特定的数据，可以将经常需要进行的计算写成函数，函数的调用是表达式的一部分，而过程的调用是一条 PL/SQL 语句。

函数也是存储过程的一种，它与存储过程的区别在于：函数必须向调用者返回一个执行结果，而存储过程没有返回值。

9.3.1　创建函数

创建函数的语法如下。

```
CREATE [OR REPLACE] FUNCTION FUN_NAME
    ([参数名 [IN | OUT | IN OUT) TYPE [, …]])
RETURN 函数返回值类型
IS|AS
     声明部分;
BEGIN
     执行部分;
     RETURN 表达式;
END FUN_NAME;
```

注意：函数返回值类型只需要指定数据类型，不能指定宽度。

【例 9-5】　编写一个 PL/SQL 函数 FUN_COUNT，返回 DEPT 表的部门个数。

```
CREATE OR REPLACE FUNCTION FUN_COUNT
RETURN NUMBER -- 此时不能指定宽度
AS
 V_COUNT NUMBER(3);
BEGIN
 SELECT COUNT( * ) INTO V_COUNT FROM DEPT;
 RETURN (V_COUNT);
```

```
END;
```

【例 9-6】　写一个函数 FUN_ENAME,输出特定员工的姓名。

```
CREATE OR REPLACE FUNCTION FUN_ENAME(V_EMPNO EMP.EMPNO%TYPE)
RETURN EMP.ENAME%TYPE
AS
 V_ENAME EMP.ENAME%TYPE;
BEGIN
   SELECT ENAME INTO V_ENAME FROM EMP WHERE EMPNO = V_EMPNO;
   RETURN V_EMPNO||'的姓名：'||V_ENAME;
EXCEPTION
   WHEN NO_DATA_FOUND THEN
     RETURN V_EMPNO||'不存在';
END;
```

9.3.2　调用函数

函数创建后,就可以对其进行调用了。与存储过程不同,函数在调用时必须作为表达式的一部分,并且可以出现在 SELECT 语句中。

下面以 FUN_ENAME 函数的调用为例,介绍函数的调用方法。

1. 在 SELECT 语句中调用函数

```
SELECT FUN_ENAME(7788) FROM DUAL;          -- 函数作为查询表达式的一部分
```

2. 在块中调用函数

```
BEGIN
   DBMS_OUTPUT.PUT_LINE(FUN_ENAME(7788));   -- 函数作为输出表达式的一部分
END;
```

3. 使用 EXECUTE 调用函数

函数有一个返回值,在调用时必须作为表达式的一部分,当使用 EXECUTE 调用函数时,同样需要绑定变量,把函数的返回值存储到绑定变量中。

```
VARIABLE V_ENAME VARCHAR2(20);
EXECUTE :V_ENAME:= FUN_ENAME(7788);        -- 函数作为赋值表达式的一部分
PRINT :V_ENAME;
```

9.3.3　删除函数

删除函数的语法为

```
DROP FUNCTION FUN_NAME;
```

例如,删除已创建的 FUN_ENAME:

```
DROP FUNCTION FUN_ENAME;
```

9.4　程序包

9.4.1　程序包的概念和组成

程序包（Package，简称包）是一组相关过程、函数、变量、常量和游标等 PL/SQL 程序设计元素的组合，作为一个完整的单元存储在数据库中，用名称来标识包。它具有面向对象程序设计语言的特点，是对这些 PL/SQL 程序设计元素的封装。包类似于 C♯ 和 Java语言中的类，其中，变量相当于类中的成员变量，过程和函数相当于类方法。把相关的模块归类成为包，可使开发人员利用面向对象的方法进行存储过程的开发，从而提高系统性能。

与高级语言中的类相同，包中的程序元素也分为公用元素和私用元素两种，这两种元素的区别是它们允许访问的程序范围不同，即它们的作用域不同。公用元素不仅可以被包中的函数、过程调用，也可以被包外的 PL/SQL 程序访问，而私有元素只能被包中的函数和过程访问。

程序包具有以下优点。

- 包可以方便地将存储过程和函数组织到一起，每个包都是独立的。在不同的包中，过程、函数都可以重名，这解决了在同一个用户环境中命名的冲突问题。
- 包增强了对存储过程和函数的安全管理，对整个包的访问权只需一次授予。
- 在同一个会话中，公用变量的值将被保留，直到会话结束。
- 区分了公有过程和私有过程，包体的私有过程增加了过程和函数的保密性。
- 包在被首次调用时，就作为一个整体被全部调入内存，减少了多次访问过程或函数的 I/O 次数。

视频讲解

9.4.2　程序包的创建

1. 程序包说明

程序包说明用于声明包的公用组件，如变量、常量、自定义数据类型、异常、过程、函数、游标等。包说明中定义的公有组件不仅可以在包内使用，还可以由包外其他存储过程、函数等调用，包的说明语法如下。

```
CREATE [OR REPLACE] PACKAGE PACKAGE_NAME
IS|AS
        公有数据类型定义
        公有变量声明
        公有常量声明
        公有异常错误声明
        公有游标，函数，存储过程声明
END PACKAGE_NAME;
```

【例 9-7】　创建管理雇员信息的包 EMPLOYE，它具有从 EMP 表获得雇员信息、修改雇员名称、修改雇员工资和写回 EMP 表的功能。

```
CREATE OR REPLACE PACKAGE EMPLOYE -- 包头部分
IS
    PROCEDURE SHOW_DETAIL;
    PROCEDURE GET_EMPLOYE(P_EMPNO NUMBER);
    PROCEDURE SAVE_EMPLOYE;
    PROCEDURE CHANGE_NAME(P_NEWNAME VARCHAR2);
    PROCEDURE CHANGE_SAL(P_NEWSAL NUMBER);
END EMPLOYE;
```

2．程序包体

包体是包的具体实现细节，包说明部分声明的所有公有存储过程、函数等都在包体实现。当然也可以在包体中声明仅属于自己的私有过程、函数、游标等，创建包体的语法为

```
CREATE [OR REPLACE] PACKAGE BODY PACKAGE_NAME
IS|AS
    私有数据类型定义
    私有变量声明
    私有常量声明
    私有异常错误声明
    私有游标,函数,过程实现
    公有游标,函数,过程实现
BEGIN
    执行部分(初始化部分)
END  PACKAGE_NAME;
```

创建包体时，有以下几点需要注意。

- 包体只能在包说明被创建或编译后才能进行创建或编译。
- 在包体中实现的过程、函数、游标的名称必须与包说明中的过程、函数、游标一致，包括名称、参数的名称以及参数的模式(IN、OUT、IN OUT)。并建议按包说明中的次序定义包体中具体的实现。
- 在包体中声明的数据类型、变量、常量都是私有的，只能在包体中使用而不能被印刷体外的应用程序访问与使用。
- 在包体执行部分，可对包说明，对包体中声明的公有或私有变量进行初始化。

【例 9-8】　例 9-7 EMPLOYE 包包体部分。

```
CREATE OR REPLACE PACKAGE BODY EMPLOYE -- 包体部分
IS
    EMPLOYE EMP%ROWTYPE;
------------- 显示雇员信息 ---------------
    PROCEDURE SHOW_DETAIL
      AS
      BEGIN
        DBMS_OUTPUT.PUT_LINE('----- 雇员信息 -----');
        DBMS_OUTPUT.PUT_LINE('雇员编号:'||EMPLOYE.EMPNO);
```

```
          DBMS_OUTPUT.PUT_LINE('雇员名称：'||EMPLOYE.ENAME);
          DBMS_OUTPUT.PUT_LINE('雇员职务：'||EMPLOYE.JOB);
          DBMS_OUTPUT.PUT_LINE('雇员工资：'||EMPLOYE.SAL);
          DBMS_OUTPUT.PUT_LINE('部门编号：'||EMPLOYE.DEPTNO);
      END SHOW_DETAIL;
  ----------------- 从 EMP 表取得一个雇员 -------------------
    PROCEDURE GET_EMPLOYE(P_EMPNO NUMBER)
    AS
    BEGIN
      SELECT * INTO EMPLOYE FROM EMP WHERE EMPNO = P_EMPNO;
      DBMS_OUTPUT.PUT_LINE('获取雇员'||EMPLOYE.ENAME||'信息成功');
    EXCEPTION
      WHEN OTHERS THEN
      DBMS_OUTPUT.PUT_LINE('获取雇员信息发生错误!');
    END GET_EMPLOYE;
    --------------------- 保存雇员到 EMP 表 --------------------------
    PROCEDURE SAVE_EMPLOYE
    AS
    BEGIN
      UPDATE EMP SET ENAME = EMPLOYE.ENAME, SAL = EMPLOYE.SAL WHERE
        EMPNO = EMPLOYE.EMPNO;
      DBMS_OUTPUT.PUT_LINE('雇员信息保存完成!');
    END SAVE_EMPLOYE;
    ------------------------ 修改雇员名称 --------------------------
    PROCEDURE CHANGE_NAME(P_NEWNAME VARCHAR2)
    AS
    BEGIN
      EMPLOYE.ENAME: = P_NEWNAME;
      DBMS_OUTPUT.PUT_LINE('修改名称完成!');
    END CHANGE_NAME;
    --------------------------- 修改雇员工资 --------------------------
    PROCEDURE CHANGE_SAL(P_NEWSAL NUMBER)
    AS
    BEGIN
      EMPLOYE.SAL: = P_NEWSAL;
      DBMS_OUTPUT.PUT_LINE('修改工资完成!');
    END CHANGE_SAL;
END EMPLOYE;
```

9.4.3 调用程序包

程序包的调用方式取决于包中公有成员的类型，包中的存储过程与独立存储过程调用方法一样，包中的函数调用与独立函数的调用方法一致。

例如，执行 EXECUTE EMPLOYE.GET_EMPLOYE(7788)；可以获得 7788 员工信息。

9.4.4 删除程序包

程序包删除时，先删除包体，再删除包说明。

删除包体的语法：

```
DROP PACKAGE BODY PACKAGE_NAME;
```

删除包说明的语法：

```
DROP PACKAGE PACKAGE_NAME;
```

9.5　存储过程等信息查看

对于存储过程、函数、包等命名信息的查看，最常使用的数据字典视图是 USER_OBJECTS 和 USER_SOURCE。USER_OBJECTS 视图可以查看当前用户有哪些对象（表、视图、存储过程、函数等）；USER_SOURCE 视图可以查看用户定义对象的源代码。第 10 章要介绍的触发器的信息也可以从这两个数据字典视图中查询到。

下面一段代码查看了编者计算机上 SCOTT 用户下的对象以及 PROC_OUT1 过程的源代码。

```
--- 为使查询结果可读性强，先进行了列的格式化 ---
SQL > COL OBJECT_NAME FOR A12
--- 查看当前用户下有哪些对象 ---
SQL > SELECT OBJECT_NAME,OBJECT_TYPE FROM USER_OBJECTS;
OBJECT_NAME   OBJECT_TYPE
------------  -------------------
PROC_OUT1     PROCEDURE
PROC_INFO     PROCEDURE
PROC_COUNT    PROCEDURE
TRI_VIEW2     TRIGGER
VIEW3         VIEW
VIEW2         VIEW
EMP_BAK       TABLE
TRI_VIEW1     TRIGGER
VIEW_AVGSAL   VIEW
TRG4          TRIGGER
SALGRADE      TABLE
BONUS         TABLE
PK_EMP        INDEX
EMP           TABLE
DEPT          TABLE
PK_DEPT       INDEX

已选择 16 行。
--- 查看 PROC_OUT1 过程的源代码 ---
SQL > SELECT TEXT FROM USER_SOURCE WHERE NAME = 'PROC_OUT1';
TEXT
----------------------------------------------------------------
PROCEDURE PROC_OUT1
(V_EMPNO IN EMP.EMPNO % TYPE,V_ENAME OUT EMP.ENAME % TYPE)
IS
BEGIN
```

```
   SELECT ENAME INTO V_ENAME FROM EMP WHERE EMPNO = V_EMPNO;
EXCEPTION
   WHEN NO_DATA_FOUND THEN
   DBMS_OUTPUT.PUT_LINE(V_EMPNO||'不存在');
END;
```
已选择 9 行。

✑ 习题

1. 编写一个 PL/SQL 过程，统计 dept 表的部门个数。

2. 编写一个 PL/SQL 过程，列出 dept 表的所有信息和部门个数（注意，部门个数通过调用第 1 题定义的存储过程实现）。

3. 编写一个 PL/SQL 过程，计算指定部门的工资总和，并统计其中的职工数量。

4. 编写一个 PL/SQL 过程，给特定员工增加特定工资。

5. 编写一个 PL/SQL 过程，使用 OUT 类型参数获得雇员经理名。

6. 创建一个函数，通过部门编号返回部门名称。

7. 创建一个函数，返回特定员工的姓名。

第 *10* 章

触 发 器

学习目标

- 熟悉触发器作用及分类。
- 掌握 DML 触发器定义及使用。
- 了解替代触发器的使用。
- 熟悉数据库事件触发器的定义及使用。

　　数据完整性确保了数据库表中数据的准确性，在 SQL 部分，利用约束、唯一性索引等实现了数据完整性，但约束等方式面临一些复杂的业务规则需求时显得力不从心，Oracle 数据库引入触发器对象，主要用于处理复杂的业务规则。本章围绕触发器相关内容展开，面向数据库表、视图、数据库等的触发器使用进行详细介绍。

视频讲解

10.1　触发器概述

　　触发器是与表、视图或者数据库相关联的一段 PL/SQL 块或一个 PL/SQL 过程，以独立形式存放在数据库服务器中，在满足特定事件时自动执行，而用户不能显式调用，通常用于实现数据库中数据库约束等难以完成的服务业务规则或自动监视对数据库的操作，实现简单审计功能。

1. 触发器分类

　　触发器分为 DML 触发器、替代触发器和数据库事件触发器三类。其中，DML 触发器的作用对象是表，替代触发器的作用对象是视图，数据库事件触发器的作用对象是数据库或者模式。

2. 触发器组成

　　每个触发器通常包含以下几部分。

　　(1) 触发事件：引起触发器被触发的事件。触发事件有多个，如 DML 语句(INSERT、UPDATE、DELETE 语句对表或视图执行数据处理操作)、DDL 语句(如 CREATE、ALTER、DROP 语句在数据库中创建、修改、删除模式对象)、数据库系统事件(如系统启动或退出、异常错误)、用户事件(如登录或退出数据库)。

　　(2) 触发时间：触发时间分为 BEFORE 和 AFTER 两种，决定了触发事件和触发器的执行顺序。

　　(3) 触发操作：也就是触发器的执行部分，该部分实现了触发器的主要功能。

　　(4) 触发对象：包括表、视图、模式和数据库。作用对象不同，触发器作用差别比较大。

　　(5) 触发条件：通过触发条件的设置，使触发器触发时机更加严格，从而减少触发器的执行次数。触发条件通常出现在 WHEN 子句中。

　　(6) 触发级别。触发级别的设置会影响触发器执行次数，分为语句级触发器和行级触发器。

　　① 语句级触发器：是指当某触发事件发生时，该触发器只执行一次。

　　② 行级触发器：是指当某触发事件发生时，对受到该操作影响的每一行数据，触发器都单独执行一次。

3. 几点注意事项

　　编写触发器时，需要注意以下几点。

　　(1) 触发器没有参数。

（2）同一个表可以有多个触发器，最多不超过 12 个，当有多个触发器时，要注意对触发器的作用进行区分。

（3）同一个表上面的 DML 触发器不宜太多，否则会显著影响进行 DML 操作的性能。

（4）DML 语句可以直接出现在触发器执行部分，而 DDL 语句不能直接使用。

（5）触发器执行部分不能直接或者间接使用事务处理语句 COMMIT、ROLLBACK 和 SAVEPOINT。

10.2　DML 触发器

DML 触发器是作用在表上的，当在表上执行某个 DML 操作时自动触发。

1. 创建 DML 触发器

1）创建时要考虑的问题

创建 DML 触发器时应着重考虑触发时间、触发事件、触发对象和触发级别。

（1）确定触发时间：指定触发器的触发时间是 BEFORE 还是 AFTER。如果指定为 BEFORE，则表示在执行 DML 操作之前触发，以便防止某些错误操作发生或实现某些业务规则；如果指定为 AFTER，则表示在执行 DML 操作之后触发，以便记录该操作或做某些事后处理。

（2）确定触发事件：DML 触发器触发事件可以是 INSERT、UPDATE、DELETE 中的一个或者多个，多个触发事件用逻辑运算符 OR 连接。

（3）确定触发对象：确定触发器作用在哪个表上。

（4）确定触发级别：确定是语句级触发器还是行级触发器。

（5）触发条件的设置：当触发级别是行级触发器时，可以根据需求用 WHEN 子句进行触发条件设置，从而使触发器触发时机更严格，以减小使用触发器对系统效率的影响。

2）三个谓词和两个伪记录

DML 触发器触发事件可能有多个，可以使用谓词区分当前执行的是哪个 DML 操作。

（1）INSERTING：当触发事件是 INSERT 时，取值为 TRUE，否则为 FALSE。

（2）UPDATING [(COLUMN_1, COLUMN_2,…,COLUMN_X)]：当触发事件是 UPDATE 时，如果修改了 COLUMN_X 列，则取值为 TRUE，否则为 FALSE。其中，COLUMN_X 是可选的。

（3）DELETING：当触发事件是 DELETE 时，取值为 TRUE，否则为 FALSE。

当行级触发器被触发时，需要使用被插入、更新或删除的记录中的列值，有时要使用操作前、后列的值，此时需要用到两个伪记录：NEW 和:OLD。其中，:NEW 用来获得操作后的值，:OLD 用来获得操作前的值。当伪记录出现在 WHEN 子句中时，要省略冒号。每个 DML 操作对应的伪记录获得值情况如表 10-1 所示。

表 10-1　伪记录获得值情况

伪　记　录	INSERT	UPDATE	DELETE
:NEW	获得添加的新值	获得更新后的值	NULL
:OLD	NULL	获得更新前的值	获得删除前的值

3）DML 触发器执行顺序

同一个表上可以有多个 DML 触发器,此时 DML 触发器的执行顺序为:如果存在语句级 BEFORE 触发器,则在第一个 DML 操作之前,先执行一次语句级 BEFORE 触发器;若存在行级 BEFORE 触发器,则在执行每一行操作之前,都要先执行一次行级 BEFORE 触发器;若存在行级 AFTER 触发器,则在执行每一行操作之后,都要执行一次行级 AFTER 触发器;若存在语句级 AFTER 触发器,则在所有操作执行完成后,执行一次语句级 AFTER 触发器。

4）创建 DML 触发器

创建 DML 触发器的语法:

```
CREATE [OR REPLACE] TRIGGER 触发器名
{BEFORE|AFTER }
{INSERT | DELETE | UPDATE [OF COLUMN [, COLUMN … ]]}
ON 表名
[FOR EACH ROW]
[WHEN 触发条件]
DECLARE
声明部分
BEGIN
主体部分
END;
```

其中:

- OR REPLACE:表示如果存在同名触发器,则创建时覆盖原有同名触发器。
- BEFORE|AFTER:指定触发器触发时间。
- INSERT|DELETE|UPDATE:触发事件,触发事件有多个时用 OR 连接。对于 UPDATE 事件,可以用 UPDATE OF 列名 1,列名 2,…的形式指定只对某些列的更新引起触发器的动作。
- ON 表名:表示在哪个表上创建触发器。
- FOR EACH ROW:表示触发器为行级触发器,省略则为语句级触发器。
- WHEN 触发条件:表示当该条件满足时,触发器才能执行,注意只用于行级 DML 触发器。

【例 10-1】　创建一个行级触发器,记录对职务为 CLERK 的雇员工资的修改,且当修改幅度超过 200 时才进行记录。用 WHEN 条件限定触发器。

```
------ 首先创建一个日志表,用来存储相应记录 -----
CREATE TABLE LOG1
(LOG_ID INT PRIMARY KEY,
 OPER_NAME VARCHAR2(20),
```

```
 OPER_DATE DATE,
 OPER_TYPE VARCHAR2(10));
------ 创建一个序列号,用于自动生成操作序号 -----
CREATE SEQUENCE SEQ1;
------ 创建触发器 TRI1 -----
CREATE OR REPLACE TRIGGER TRI1
AFTER                                          -- 触发时间
UPDATE OF SAL                                   -- 触发事件
ON EMP                                          -- 触发对象
FOR EACH ROW                                    -- 触发级别
WHEN ((NEW.SAL - OLD.SAL)> 200 AND OLD.JOB = 'CLERK')  -- 触发条件
BEGIN
   INSERT INTO LOG1(SEQ1.NEXTVAL,USER,SYSDATE, 'UPDATE');
END;
------ 触发器作用验证 -----
UPDATE EMP SET COMM = 200 WHERE JOB = 'CLERK';
   -- 上边 UPDATE 语句不会触发 TRI1,因为触发事件不满足
UPDATE EMP SET SAL = SAL + 100 WHERE JOB = 'CLERK';
   -- 上边 UPDATE 语句不会触发 TRI1,因为触发条件不满足
UPDATE EMP SET SAL = SAL + 300 WHERE JOB = 'CLERK';
   -- 上边 UPDATE 语句则会触发 TRI1,如果满足更新条件的记录有多条,触发器会多次触发
```

【例 10-2】　用触发器实现 EMP 表和 DEPT 表数据的级联更新和级联删除。

```
CREATE OR REPLACE TRIGGER TRI2
AFTER
UPDATE OR DELETE
ON DEPT
FOR EACH ROW
BEGIN
   IF UPDATING THEN           -- 使用 UPDATING 谓词判断当前是否执行的 UPDATE 操作
      UPDATE EMP SET DEPTNO = :NEW.DEPTNO WHERE DEPTNO = :OLD.DEPTNO;
   ELSIF DELETING THEN        -- 使用 DELETING 谓词判断当前是否执行的 DELETE 操作
      DELETE FROM EMP WHERE DEPTNO = :OLD.DEPTNO;
   END IF;
END;
```

说明：对 DEPT 表中的部门号进行更新和删除操作时,由于外键约束的存在,会导致相应操作失败,通过创建触发器 TRI2,可以实现对 DEPT 表的数据改变的同时自动改变 EMP 表的对应数据。

【例 10-3】　创建触发器,进行 DEPT 表的同步备份。

```
------ 创建原始数据的备份表 -----
CREATE TABLE DEPT_BAK AS SELECT * FROM DEPT;
------ 创建同步备份触发器 -----
CREATE OR REPLACE TRIGGER TRI3
AFTER
INSERT OR UPDATE OR DELETE
ON DEPT
FOR EACH ROW
BEGIN
   IF INSERTING THEN
```

```
        INSERT INTO DEPT_BAK VALUES(:NEW.DEPTNO,:NEW.DNAME,:NEW.LOC);
    ELSIF UPDATING THEN
        UPDATE DEPT_BAK SET DEPTNO: = :NEW.DEPTNO,
            DNAME = :NEW.DNAME,LOC = :NEW.LOC WHERE DEPTNO = :OLD.DEPTNO;
    ELSIF DELETING THEN
        DELETE FROM DEPT_BAK WHERE DEPTNO = :OLD.DEPTNO;
    END IF;
END;
```

说明：通过创建触发器 TRI3，总能保证 DEPT 表和其备份表的数据时刻保持一致。

【**例 10-4**】 创建一个行级触发器 TRI4，实现的功能为：当修改 EMP 表中员工工资时，限制只能修改工资低于 3000 元的员工工资。

```
CREATE OR REPLACE TRIGGER TRG4
BEFORE
UPDATE OF SAL
ON EMP
FOR EACH ROW
BEGIN
  IF (:OLD.SAL > = 3000) THEN
      RAISE_APPLICATION_ERROR( - 20001,'只能修改工资低于 3000 的员工工资.');
  END IF;
END;
```

执行如下命令。

```
UPDATE EMP SET SAL = 2000 WHERE ENAME = 'SMITH';        -- 更新成功
UPDATE EMP SET SAL = 2000 WHERE ENAME = 'SMITH';        -- 更新失败,触发器阻止了更新操作
```

【**例 10-5**】 创建一个语句级触发器 TRI5，限定对 DEPT 表的更新时间为周一至周五的 8:30～17:30，否则禁止更新，并显示提示"在非工作时间内禁止更新操作"。

```
CREATE OR REPLACE TRIGGER TRG5
BEFORE
UPDATE
ON DEPT
BEGIN
  IF TO_CHAR(SYSDATE,'DAY') IN ('星期六','星期日')
    OR TO_CHAR(SYSDATE, 'HH24:MI')<'8:30'
    OR TO_CHAR(SYSDATE,'HH24:MI')>'17:30' THEN
    RAISE_APPLICATION_ERROR( - 20001,'在非工作时间内禁止更新操作');
  END IF;
END;
```

2. 删除触发器

删除触发器的语法：

```
DROP TRIGGER TRIGGER_NAME;
```

注意：普通用户只能删除自身所拥有的触发器，删除其他用户触发器必须由管理员授权；当删除表或视图时，建立在这些对象上的触发器也随之删除。

3. 触发器信息查看

与触发器相关的最常用的数据字典视图是 USER_TRIGGERS。通过查询该视图，可以获得当前用户下触发器相关信息。

例如，查看当前用户触发器名称、类型和作用对象。

```
SELECT TRIGGER_NAME,TRIGGER_TYPE,TABLE_NAME
FROM USER_TRIGGERS;
```

10.3　替代触发器

替代触发器作用于视图上，用于当组成视图的基表是两个及两个以上或者对应的子查询中包含函数等表达式时，无法通过视图对基表更新的情况。

创建 DML 触发器的语法：

```
CREATE [OR REPLACE] TRIGGER 触发器名
INSTEAD OF
{INSERT │ DELETE │ UPDATE [OF column [, column … ]]}
ON 视图名
[FOR EACH ROW]
[WHEN 触发条件]
DECLARE
  声明部分
BEGIN
  主体部分
END;
```

其中：

- INSTEAD OF 说明了触发器的类型是替代触发器。
- ON 视图名表示在哪个视图上创建触发器。
- FOR EACH ROW 表示触发器为行级触发器，由于替代触发器只能创建行级的，所以该选项通常省略。

【例 10-6】 视图子查询包含函数等表达式无法更新基表数据。

```
--- 在 SCOTT 用户下创建视图 VIEW_AVGSAL,查看每个部门的平均工资 ---
CREATE TABLE EMP_BAK IS SELECT * FROM EMP; -- 为避免约束影响,重新准备数据
CREATE VIEW VIEW_AVGSAL
 AS SELECT DEPTNO,AVG(SAL) AVGSAL FROM EMP_BAK GROUP BY DEPTNO;
--- 通过视图对基表执行删除操作时失败 ---
SQL > CREATE VIEW VIEW_AVGSAL
    2  AS SELECT DEPTNO,AVG(SAL) AVGSAL FROM EMP_BAK GROUP BY DEPTNO;
视图已创建.
SQL > DELETE FROM VIEW_AVGSAL WHERE DEPTNO = 10;
DELETE FROM VIEW_AVGSAL WHERE DEPTNO = 10
       *
第 1 行出现错误:
ORA - 01732: 此视图的数据操纵操作非法
```

```
--- 在 VIEW_AVGSAL 视图上创建一个替代触发器 TRI_VIEW1 ---
CREATE OR REPLACE TRIGGER TRI_VIEW1
INSTEAD OF
DELETE
ON VIEW_AVGSAL
BEGIN
    DELETE FROM EMP_BAK WHERE DEPTNO = :OLD.DEPTNO;
END;
```

在执行上面通过删除进行的删除操作则可以成功。

【例 10-7】　视图对应多个基表无法更新基表数据。

```
--- 数据准备 ---
 INSERT INTO DEPT VALUES(50,'开发部','济南'); -- 向 DEPT 表添加一条新记录
INSERT INTO EMP(EMPNO,ENAME,DEPTNO) VALUES(1111,'HELLEN',50); -- 向 EMP 表添加一条新记录
--- 创建一个视图 VIEW2 ---
CREATE VIEW VIEW2
AS SELECT E.EMPNO,E.ENAME,E.DEPTNO,D.DNAME,D.LOC
  FROM EMP E,DEPT D
  WHERE E.DEPTNO = D.DEPTNO;
```

此时，无法通过视图 VIEW2 对两个基表的任何一个进行修改操作。

```
--- 在视图 VIEW2 上创建一个替代触发器 TRI_VIEW2 ---
CREATE OR REPLACE TRIGGER TRI_VIEW2
INSTEAD OF
UPDATE
ON VIEW2
BEGIN
    UPDATE DEPT SET DNAME = :NEW.DNAME,LOC = :NEW.LOC
            WHERE DNAME = :NEW.DNAME;
END;
```

创建完替代触发器后，执行 UPDATE VIEW2 SET LOC='杭州' WHERE DNAME='开发部'可以成功。

注意：替代触发器虽然可以解决一定的问题，但在实际应用中，应最大限度地保护基表数据，所以应减少使用替代触发器。

🔑 10.4　数据库事件触发器

数据库事件触发器既可以建立在一个模式上，又可以建立在整个数据库上。当建立在模式（SCHEMA）之上时，只有模式所指定用户的 DDL 操作和它们所导致的错误才激活触发器，默认时为当前用户模式。当建立在数据库之上时，该数据库所有用户的 DDL操作和他们所导致的错误、用户的登录与退出以及数据库的启动和关闭均可激活触发器，建立在数据库上的系统事件触发器通常由系统超级管理员创建，普通用户没有权限创建。

创建触发器的一般语法：

```
CREATE [OR REPLACE] TRIGGER 触发器名
```

```
{BEFORE|AFTER}
{DDL 事件 1 OR DDL 事件 2…]|数据库事件 1 OR 数据库事件 2…}}
ON {DATABASE|[模式名.]SCHEMA}
[WHEN (条件)]
DECLARE
    声明部分
BEGIN
    主体部分
END;
```

其中：

- DATABASE 表示创建数据库级触发器，数据库级要给出数据库事件，如表 10-2 所示。
- SCHEMA 表示创建模式级触发器，模式级要给出模式事件或 DDL 事件。

表 10-2　常用数据库事件及级别

事件	允许的时机	级别	说明
STARTUP	AFTER	数据库级	启动数据库实例之后触发
SHUTDOWN	BEFORE	数据库级	关闭数据库实例之前触发（非正常关闭不触发）
SERVERERROR	AFTER	数据库级	数据库服务器发生错误之后触发
LOGON	AFTER	数据库级、模式级	成功登录连接到数据库后触发
LOGOFF	BEFORE	数据库级、模式级	开始断开数据库连接之前触发
CREATE	BEFORE，AFTER	模式级	在执行 CREATE 语句创建数据库对象之前、之后触发
DROP	BEFORE，AFTER	模式级	在执行 DROP 语句删除数据库对象之前、之后触发
ALTER	BEFORE，AFTER	模式级	在执行 ALTER 语句更新数据库对象之前、之后触发

数据库事件属性值可通过调用 Oracle 定义的事件属性函数来读取。常用的事件属性函数如表 10-3 所示。

表 10-3　事件属性函数

函数名称	适用触发器类型	说明
Sys. sysevent	所有类型	激活触发器的事件名称
Sys. Instance_num	所有类型	数据库实例名
Sys. database_name	所有类型	数据库名称
Server_error(posi)	SERVERERROR	错误信息栈中 posi 指定位置中的错误号
Is_servererror(err_number)	SERVERERROR	判断错误信息栈中是否有参数指定的错误号
Sys. Login_user	所有类型	登录或注销的用户名称
Sys. Dictionary_obj_type	DDL	DDL 语句所操作的数据库对象类型
Sys. Dictionary_obj_name	DDL	DDL 语句所操作的数据库对象名称
Sys. Dictionary_obj_owner	DDL	DDL 语句所操作的数据库对象所有者名称
Sys. Des_encrypted_password	DDL	正在创建或修改的经过 DES 算法加密的用户口令

【**例 10-8**】　数据库事件触发器建立在模式上，创建一个触发器 TRI_DROP，通过触发器阻止对 SCOTT 用户下 TEST 表的删除。

```
--- 在 SCOTT 用户下创建一个数据表 ---
CREATE TABLE TEST(ID NUMBER);  -- 此时,创建完成后可以正常执行 TEST 表的删除操作
--- 创建 TRI_DROP 触发器 ---
CREATE OR REPLACE TRIGGER TRI_DROP
BEFORE DROP
 ON SCHEMA
   BEGIN
    IF SYS.DICTIONARY_OBJ_NAME = 'TEST' THEN
        RAISE_APPLICATION_ERROR(-20098,'不能删除 TEST 表!');
      END IF;
   END;
   -- 当 TRI_DROP 触发器创建完成后,再执行 DROP TABLE TEST;会执行失败
```

【**例 10-9**】　数据库事件触发器建立在数据库上：创建触发器，当用户登录、退出数据库时自动记录相关信息。

```
--- 在 SYS 用户下首先创建一个日志表,用来记录用户登录信息 ---
CREATE TABLE LOG_EVENT
(LOGIN_USERNAME VARCHAR2(20),
LOGIN_DATE VARCHAR2(30),
LOGIN_TYPE VARCHAR2(10));
--- 创建用户登录触发器 ---
CREATE OR REPLACE TRIGGER LOG_TIR1
AFTER LOGON
ON DATABASE
BEGIN
 INSERT INTO LOG_EVENT
 VALUES(SYS.LOGIN_USER,TO_CHAR(SYSDATE,'YYYY-MM-DD HH24:MI:SS','LOGOFF');
END;
--- 创建用户退出触发器 ---
CREATE OR REPLACE TRIGGER LOG_TIR2
BEFORE LOGOFF
ON DATABASE
BEGIN
  INSERT INTO LOG_EVENT
  VALUES(SYS.LOGIN_USER,TO_CHAR(SYSDATE,'YYYY-MM-DD HH24:MI:SS','LOGOFF');
END;
```

10.5　触发器应用实例

利用触发器可以实现一些比较复杂的需求，如下面的例子实现了简单的审计功能。

【**例 10-10**】　用触发器实现对 EMP 表的审计。

```
--- 创建审计表,用来记录针对 EMP 表的不同 DML 操作 ---
```

```
CREATE TABLE AUDIT_TABLE(
    AUDIT_ID NUMBER,                    -- 审计序号
    USER_NAME VARCHAR2(20),             -- 用户名
    NOW_TIME DATE,                      -- 操作时间
    TERMINAL_NAME VARCHAR2(10),         -- 当前会话所在终端的操作系统标识
    TABLE_NAME VARCHAR2(10),            -- 对象名
    ACTION_NAME VARCHAR2(10),           -- 执行操作
EMP_ID NUMBER(4));                      -- 操作员工工号
```
--- 创建审计数据表,记录针对 EMP 表特定列的更新操作 ---
```
CREATE TABLE AUDIT_TABLE_VAL(
    AUDIT_ID NUMBER,                    -- 审计序号
    COLUMN_NAME VARCHAR2(10),           -- 修改列名称
    OLD_VAL NUMBER(7,2),                -- 更新前的值
NEW_VAL NUMBER(7,2));                   -- 更新后的值
```
--- 创建序列号,用来自动生成审计序号 ---
```
CREATE SEQUENCE AUDIT_SEQ START WITH 10000 INCREMENT BY 1;
```
--- 创建触发器,利用触发器将用户对 EMP 表的操作记录到审计表和审计数据表中 ---
```
CREATE OR REPLACE TRIGGER AUDIT_EMP
AFTER INSERT OR UPDATE OR DELETE
ON EMP
FOR EACH ROW
DECLARE
    TIME_NOW DATE;
    TERMINAL CHAR(10);
BEGIN
    TIME_NOW: = SYSDATE;
    TERMINAL: = USERENV('TERMINAL'); -- 获得当前会话所在终端的操作系统标识
    IF INSERTING THEN
        INSERT INTO AUDIT_TABLE VALUES(AUDIT_SEQ.NEXTVAL, USER, TIME_NOW,TERMINAL, 'EMP',
'INSERT', :NEW.EMPNO);
    ELSIF DELETING THEN
        INSERT INTO AUDIT_TABLE VALUES(AUDIT_SEQ.NEXTVAL,USER,TIME_NOW,TERMINAL, 'EMP',
'DELETE', :OLD.EMPNO);
    ELSE
        INSERT INTO AUDIT_TABLE VALUES(AUDIT_SEQ.NEXTVAL,USER,TIME_NOW,TERMINAL, 'EMP',
'UPDATE', :OLD.EMPNO);
        IF UPDATING('SAL') THEN
          INSERT INTO AUDIT_TABLE_VAL
            VALUES(AUDIT_SEQ.CURRVAL,'SAL',:OLD.SAL,:NEW.SAL);
        ELSIF UPDATING('DEPTNO') THEN
          INSERT INTO AUDIT_TABLE_VAL
        VALUES(AUDIT_SEQ.CURRVAL,'DEPTNO',:OLD.DEPTNO,:NEW.DEPTNO);
        END IF;
    END IF;
END;
```

🔑 习题

1. 限定对 EMP 表的修改,只能修改部门 20 雇员的工资。
2. 限定一次对职业为 CLERK 的雇员的工资修改不超过原工资的 15%。
3. 建立级联删除触发器,当删除部门时,级联删除 EMP 表的雇员记录。
4. 设计一个语句级触发器,限定只能对数据库进行修改操作,不能对数据库进行插入和删除操作。

第11章

Java操作Oracle数据库

学习目标

- 了解 JDBC。
- 掌握 JDBC 连接 Oracle 数据库的步骤。
- 掌握 JDBC 常用数据库操作。
- 掌握 JDBC 在程序开发中的应用。

Java 是一种广泛使用的编程语言,它提供了一组可以方便地与数据库进行交互的 API,这组 API 简称 JDBC。本章主要介绍基于 JDBC 的 Java 程序与 Oracle 数据库之间的基本操作。

11.1　JDBC 概述

11.1.1　JDBC

JDBC 的全称是 Java DataBase Connectivity,它是 Java 访问关系数据库的编码规范,由一组用 Java 语言编写的接口和类组成(一组 API),主要用来规范如何编写访问关系数据库的 Java 程序。

JDBC 在 Java 程序和关系数据库之间充当桥梁的作用(见图 11-1),以完成对数据库的连接和数据操作,Java 程序可以通过 JDBC 向数据库管理系统发出命令,完成数据库及数据表的操作,数据库管理系统获得命令后,执行请求,并将请求结果通过 JDBC 返回给 Java 程序。

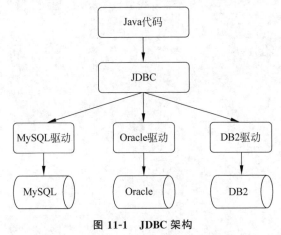

图 11-1　JDBC 架构

JDBC 接口的具体实现由各大数据库厂商来实现,每个数据库厂商根据自家数据库的通信格式编写好自己的数据库驱动实现类。Java 程序员进行数据库编程只需针对不同的数据库下载相应的驱动程序,然后调用 JDBC 中的相关方法即可。

11.1.2　API 简介

JDBC API 主要位于 java.sql 包中,该包定义了一系列访问数据库的接口和类,具体如下。

Driver 接口:是所有 JDBC 驱动程序必须实现的接口,该接口专门提供给数据库厂商使用。在编写 JDBC 程序时,必须把指定数据库驱动程序或类库加载到项目的 classpath 中。

DriverManager 类:用于加载 JDBC 驱动并创建与数据库的连接。

Connection 接口：代表程序与数据库的连接，负责和数据库通信。

PreparedStatement 接口：用于执行包含动态参数的 SQL，增、删、改、查等。

CallableStatement 接口：用于执行数据库中的 SQL 存储过程。

ResultSet 接口：表示 SELECT 查询语句得到的结果集，该结果集封装在一个逻辑表格中。在 ResultSet 接口内部有一个游标操纵结果集。

11.2 Java 程序连接 Oracle 数据库

Java 程序连接 Oracle 数据库需要先加载（注册）JDBC 驱动程序类，然后通过其中的 Connection 接口和 DriverManager 类连接数据库和控制数据源，Oracle 数据库的驱动程序类是 oracle.jdbc.driver.OracleDriver。

示例代码如下。

```java
public class ConnectJDBC{
    public static String driver = "oracle.jdbc.driver.OracleDriver";
    public static String url = "jdbc:oracle:thin:@localhost:1521:orcl";
    public static String user = "sys";
    public static String password = "sys123456";
    public static void main(String[] args){
        Connection conn = null;
        Class.forName(driver);
        conn = DriverManager.getConnection(url,user,password);
        System.out.println(conn);
        conn.close();
    }
}
```

11.3 Java 程序操作 Oracle 数据库

通过 JDBC 连接 Oracle 数据库后，可以对数据库中的数据进行查询、修改、插入、删除等操作。对数据库的最终操作还是要依赖 SQL 语句，JDBC 中的 PreparedStatement 和 Statement 对象都可以用于向数据库发送 SQL 语句，它们之间的不同由于篇幅所限本章不做详细阐述，本章以 PreparedStatement 为主进行 SQL 示例操作。SQL 语句执行后的结果由 JDBC 的 ResultSet 接口管理。JDBC 主要通过这几个接口对象与数据库进行通信。

1. 创建 PreparedStatement 对象

PreparedStatement 对象需要通过 Connection 类的 prepareStatement()方法进行创建，PreparedStatement 对象创建成功后，可以调用其中的方法发送 SQL 语句。其语法格式如下。

```java
Connection conn = DriverManager.getConnection(url,user,password);    //创建连接对象
```

```
String SQL = "SQL 更新语句";
PreparedStatement pstmt = conn.prepareStatement(SQL); //创建 PreparedStatement 对象
pstmt.executeUpdate();
```

2. 查询数据

SQL 语句大致可以分为 DQL（查询语句）和 DML（更新语句）两大类，PreparedStatement 中分别用不同的方法操作这两类语句。

可以调用 PreparedStatement 对象的 executeQuery()方法来发送查询语句，它的返回值类型是一个 ResultSet 对象。调用 executeQuery()方法的语法格式如下。

```
String SQL = "SELECT 查询语句";
PreparedStatement pstmt = conn.prepareStatement(SQL);
ResultSet rs = pstmt.executeQuery();
```

通过该语句可以将查询结果存储到 ResultSet 对象里，ResultSet 对象维护了一个数据行的游标，调用 ResultSet.next()方法，可以让游标指向具体的数据行，获取该行的数据。其代码如下。

```
ResultSet rs = pstmt.executeQuery();
while(rs.next()){
        rs.getInt("Column name");
        rs.getString("Column name");
}
```

可以将列的索引号与 getX()方法一起使用，而不是与列名一起使用。索引号是 SELECT 语句中的列索引编号，如果 SELECT 语句没有列出列名，则索引编号是表中列的序列，列索引编号从 1 开始。

3. 插入、更新和删除数据

如果需要插入、更新和删除数据，则需要执行 PreparedStatement 对象的 executeUpdate()方法来实现，此方法的返回值类型为 int，它返回的是影响的行数。

例如，向表中插入一条记录，代码如下。

```
Connection conn = DriverManager.getConnection(url,user,password);        //创建连接
String SQL = "INSERT 语句";
PreparedStatement pstmt = conn.prepareStatement(SQL);
int result = pstmt.executeUpdate();
```

上述代码执行后，新记录将插入表中，插入成功后影响的行数为 1 行，所以该方法返回值为数字 1。

例如，在表中修改数据，代码如下。

```
Connection conn = DriverManager.getConnection(url,user,password);        //创建连接
String SQL = "UPDATE 语句";
PreparedStatement pstmt = conn.prepareStatement(SQL);
int result = pstmt.executeUpdate();
```

上述代码执行后,更新成功后该方法返回值为影响的行数。

例如,删除表中记录,代码如下。

```
Connection conn = DriverManager.getConnection(url,user,password);          //创建连接
String SQL = "DELETE 语句";
PreparedStatement pstmt = conn.prepareStatement(SQL);
int result = pstmt.executeUpdate();
```

上述代码执行删除成功后该方法返回值为影响的行数。

4. 执行任意 SQL 语句

执行事先未知的 SQL 语句,即有时编程无法得知是查询还是更新语句,就无法使用上述方法传递 SQL 语句,可以用 Statement 对象的 execute()方法来进行传递,此方法的返回值类型是布尔值,表示是否返回 ResultSet,返回值为 true 表示执行了查询语句有查询结果集返回,返回值为 false 表示执行了更新语句无查询结果集。

通常没有必要使用 execute 方法来执行 SQL 语句,而是使用 executeQuery()或executeUpdate()方法更适合,但如果在不清楚 SQL 语句的类型时则只能使用 execute()方法来执行该 SQL 语句。

下面是调用 execute()方法的语法格式:

```
boolean result = statement.execute("SQL 语句");
```

例如,查询表的所有记录,部分代码如下。

```
Connection conn = DriverManager.getConnection(url,user,password);          //创建连接
Statement stmt = connection.createStatement();          //创建 statement 对象
String SQL = "SELECT 语句";
boolean hasResult = stmt.execute(SQL);                    //执行 SQL 语句
//如果参数 SQL 是 SELECT 语句,则 hasResult 的值为 true,将执行 if 语句中的代码;如果执行的
//是 INSERT、UPDATE、DELETE 语句,将执行 else 语句中的代码
if(hasResult == true){
    ResultSet result = stmt.getResultSet();          //将查询结果传递给 result
    while(result.next()){                            //判断是否还有记录
        String sno = rs.getString("sno");
        String sname = rs.getString("sname");
        System.out.println(sno + " " + sname);
    }
}
else{
    int rowNumber = stmt.getUpdateCount();          //获取发生变化的记录数
    System.out.println(rowNumber);
}
```

5. 关闭创建的对象

当数据库所有操作结束后,需要关闭创建的对象从而释放系统资源,关闭主要就是调

用对象的 close()方法,关闭对象的部分代码如下。

```
if(result!= null){                    //判断 ResultSet 对象是否为空
    result.close();                   //调用 close()方法关闭 ResultSet 对象
}
if(statement!= null){
    statement.close();
}
if(connection!= null){
    connection.close();
}
```

11.4　应用举例

本节实现一个金融应用场景数据库用户操作模块的 JDBC 代码,该应用模块可以完成用户登录、添加新用户、用户查询、用户销户、修改密码等操作。系统结构清晰,代码规范简洁。

1. 用户登录

该模块实现用户登录功能,用户名为用户邮箱,用户在登录界面输入邮箱账号和密码,程序读取数据库里 client_tb 表(用户表)中存储的邮箱账号和密码,与用户输入的数据进行匹配。如果匹配成功,输出登录成功;匹配不成功则输出用户名或密码错误(包括该用户不存在)。

```
/ *
 * DBUtil 类
 */
public class DBUtil {
//静态方法,创建数据库连接对象,传入参数: 数据库 url、用户名、密码
public static Connection createConn(String url, String username, String pwd) throws Exception
{
    Class.forName("oracle.jdbc.driver.OracleDriver");
    Connection conn = DriverManager.getConnection(url, username, pwd);
    return conn;
}
//静态方法,查询用户表,判断能否登录
public static boolean login(Connection conn, String cmail, String pwd) throws Exception{
    PreparedStatement psmt = null;
    ResultSet rs = null;
    String sql = "select * from client_tb where c_mail = ? and c_pwd = ?;";
    psmt = conn.prepareStatement(sql);
    psmt.setString(1, cmail);
    psmt.setString(2, pwd);
    rs = psmt.executeQuery();
    if (rs.next()) {
```

```
            return true;
        } else {
            return false;
            }
        }
}
/*
 * Login 类
 */
public class Login {
    public static void main(String[] args) throws Exception{
    //定义相关变量
        String url = "jdbc:oracle:thin:@localhost:1521:orcl";
        String username = "sys";
        String pwd = "sys123456";
        Connection conn = null;
        boolean isLogin = false;
        //读取键盘输入
        Scanner input = new Scanner(System.in);
        System.out.print("请输入邮箱: ");
        String loginCmail = input.nextLine();
        System.out.print("请输入密码: ");
        String loginPwd = input.nextLine();
        //调用 DBUtil 工具类中的 createConn()方法,创建数据库连接对象
        conn = DBUtil.createConn(url,username,pwd);
        //补充实现代码,查询出结果.此处实现成功,移植到 DBUtil 的 login()方法中
        isLogin = DBUtil.login(conn,loginCmail,loginPwd);
        if (isLogin) {
            System.out.println("登录成功");
        } else {
            System.out.println("用户名或密码错误!");
            }
        }
}
```

2. 添加新用户

添加新用户的操作是向 client_tb 表插入记录,表中一条记录代表了一个用户的存在。

```
public class DBUtil {
//静态方法,向用户表插入记录
public static int insertClient(Connection conn,int cid, String username, String cmail,
                                                String ccard,String pwd)
        PreparedStatement pps = null;
        int result = -1;
        try {
            String sql = "insert into client_tb values(?, ?, ?, ?, ?);";
            pps = conn.prepareStatement(sql);
```

```
                pps.setInt(1, cid);
                pps.setString(2, username);
                pps.setString(3, cmail);
                pps.setString(4, ccard);
                pps.setString(5, pwd);
                result = pps.executeUpdate();
            } catch (SQLException e) {
                e.printStackTrace();
            } finally {
                return result;
            }
        }
    }
```

3. 用户销户

用户销户的操作是从 client_tb 中删除记录，删除一条记录代表注销了一个用户。

```
public class DBUtil{
//静态方法,从用户表删除记录
public static int removeBankCard(Connection conn,int cid,String ccard){
        PreparedStatement pps = null;
        int result = -1;
        try {
            String sql = "delete from client where c_id = ? and c_card = ?;";
            pps = connection.prepareStatement(sql);
            pps.setInt(1, cid);
            pps.setString(2, ccard);
            result = pps.executeUpdate();
        } catch (SQLException e) {
            e.printStackTrace();
        } finally {
            return result;
        }
    }
}
```

4. 修改密码

修改密码的操作是从 client_tb 表中修改数据，修改指定行的密码属性值，就是修改了指定用户的密码。

```
public class DBUtil{
//静态方法,从用户表修改密码数据
Public static int updatePwd(Connection conn,int cid, String newPwd)
        PreparedStatement pps = null;
        ResultSet rs = null;
        String sql = "";
        int result = -1;
```

```
    try{
        sql = "update client_tb set c_password = ? where c_id = ?";
        pps = conn.prepareStatement(sql);
        pps.setString(1, newPwd);
        pps.setInt(2, cid);
        result = pps.executeUpdate();
    }catch (SQLException e) {
        e.printStackTrace();
    } finally {
        return result;
    }
}
```

Oracle数据库在线工具——Live SQL的使用

在学习数据库时,很多学习者苦于没有本地的 Oracle 数据库环境,这时可以使用 Oracle 提供的免费在线学习工具——Live SQL。Live SQL 最新版本为 22.3.1,网址为 https://livesql.oracle.com/。注册登录后可正常使用该工具。

1. Live SQL 操作界面介绍

登录网址后,Live SQL 的主页面如图 A-1 所示。

图 A-1　Live SQL 操作界面

从图 A-1 可以看到,Live SQL 操作界面主要包含左侧的导航栏、中间的 Start Coding Now、View Scripts and Tutorials 和右上角的 Help 及 Sign In 等菜单。

单击 Help 进入 Live SQL 使用帮助相关内容;初次使用时用户需要单击 Sign In 菜单后注册并登录 Live SQL。关于帮助和注册内容本文不做过多介绍。

Live SQL 工具主要功能包含在左侧的导航栏,导航栏从上到下包含以下内容。

- Home:单击返回 Live SQL 主界面。
- SQL Worksheet:单击进入 SQL 编辑及运行页面,在该页面下可以执行 SQL 和 PL/SQL 语句,这是学习者最主要使用的页面。单击主页面中间的 Start Coding Now 也进入 SQL 编辑页面。
- My Session:可以查看用户所执行过的所有 SQL 语句。
- Schema:单击进入 Live SQL 所包含的模式,可以查看该模式所包含的对象及其详细信息。Live SQL 包含学习 Oracle 数据库常用的 SCOTT、HR、SH、SYS 等模式。
- Quick SQL:可以快速生成 SQL。
- My Scripts:可以查看用户保存过的所有内容。
- My Tutorials:可以查看用户保存的向导。单击主页面中间的 View Scripts and Tutorials 也进入向导页面。
- Code Library:资源库,可以查看 Live SQL 工具自带的资源及其他用户分享的资源。

本文主要介绍如何使用 Live SQL 工具编辑及运行 SQL 和 PL/SQL 命令,因此主要介绍 SQL Worksheet 和 Schema 两个菜单的使用,其他菜单读者可以自行单击学习。

2. Live SQL 工具 Schema 菜单介绍

单击 Schema，进入 Live SQL 模式管理界面，如图 A-2 所示。

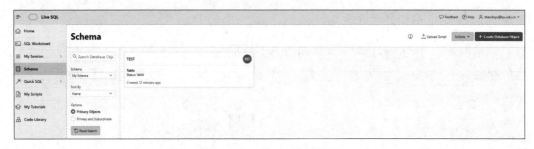

图 A-2　Live SQL 模式界面

单击模式界面中 Schema 下边选择框的下拉按钮，可以查看 Live SQL 所包含的所有模式，如图 A-3 所示。

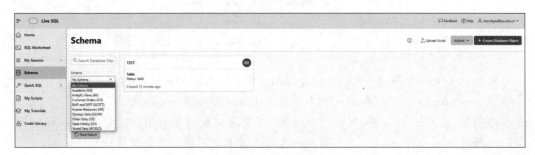

图 A-3　Live SQL 模式列表

My Schema 为学习者使用的模式，在该模式下可以使用其他任何一个模式的数据。单击任何一个模式，可以查看该模式下用户所拥有的对象（主要是表），如图 A-4 所示为选择 SCOTT 模式后，显示的 SCOTT 包含 DEPT 和 EMP 两个表。

图 A-4　SCOTT 模式包含的表

单击任何一个表，可以查看该表的详细信息，包含表属性、列信息、表中包含的索引、触发器、约束信息。表 A-5 为单击 DEPT 表后，DEPT 表的相关信息。

图 A-5　DEPT 表详细信息

3. Live SQL 工具 SQL Worksheet 使用介绍

SQL Worksheet 主页面如图 A-6 所示，在该页面下可以编辑、运行、保存 SQL 语句和 PL/SQL 语句。

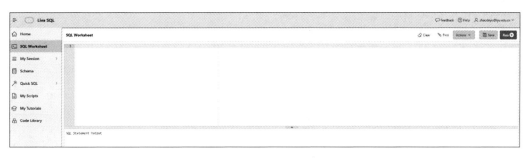

图 A-6　SQL Worksheet 主页面

1）SQL 语句的编辑及运行

在工作区输入用户编写的 SQL 代码，单击右上角的 Run 按钮执行所输入的 SQL 语句，执行结果在下面的输出区域显示，如图 A-7 所示。

注意：①输出结果可以以 CSV 格式导出；②SQL Worksheet 默认最多只能显示 50 条记录。

若用户需要访问其他模式的数据，则在访问时需要添加对象的所有者，如查看 EMP 表的数据，需要在工作区输入 SELECT ＊ FROM SCOTT.EMP；，如图 A-8 所示。

2）PL/SQL 语句的编辑及运行

PL/SQL 语句的编辑及运行与 SQL 语句相同，如图 A-9 所示为利用 PL/SQL 代码输出"Hello Live SQL"信息。

Live SQL 工具同样支持游标、存储过程、函数、包、触发器等的编辑及执行。如图 A-10 所示为使用 Live SQL 编译和调用存储过程。

图 A-7　SQL 语句运行结果

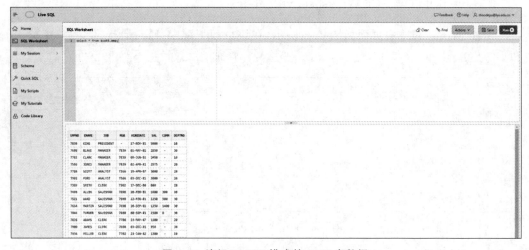

图 A-8　访问 SCOTT 模式的 EMP 表数据

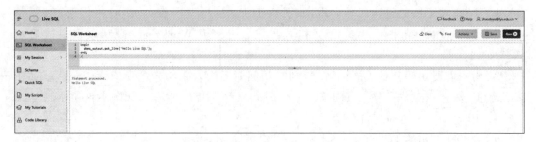

图 A-9　简单 PL/SQL 的编译和执行

图 A-10　存储过程的编译和调用

　　本文对如何使用 Oracle 的 Live SQL 在线工具编辑和运行 SQL 语句和 PL/SQL 语句进行了举例说明,希望能够帮助读者快速地学会使用该工具。Live SQL 包含的功能非常强大,读者可以在本文的基础上体会。

参 考 文 献

[1] 何明,何茜颖.名师讲坛——Oracle SQL 入门与实战经典[M].北京:清华大学出版社,2015.

[2] 杨忠民,蒋新民,晁阳.Oracle 10g SQL 和 PL/SQL 编程指南[M].北京:清华大学出版社,2013.

[3] 宋杰,王震江.Oracle 数据库项目教程[M].北京:清华大学出版社,2015.

[4] 尚展垒,杨威,吴俭,等.Oracle 数据库管理与开发(慕课版)[M].2 版.北京:人民邮电出版社,2021.

[5] 高晶,章昊,曹福凯.Oracle 11g PL/SQL 编程技术与开发实用教程[M].2 版.北京:清华大学出版社,2022.

[6] 张凤荔,王瑛,李晓黎,等.Oracle 11g 数据库基础教程[M].2 版.北京:人民邮电出版社,2018.

[7] 费雅洁.数据库实用技术:基于 Oracle[M].北京:高等教育出版社,2015.

[8] 冷菠.Oracle 高性能自动化运维[M].北京:机械工业出版社,2017.

[9] 甘长春,张建军.Oracle 数据库存储管理与性能优化[M].北京:中国铁道出版社,2018.

[10] 马立和,高振娇,韩锋.数据库高效优化[M].北京:机械工业出版社,2020.

图书资源支持

感谢您一直以来对清华版图书的支持和爱护。为了配合本书的使用,本书提供配套的资源,有需求的读者请扫描下方的"书圈"微信公众号二维码,在图书专区下载,也可以拨打电话或发送电子邮件咨询。

如果您在使用本书的过程中遇到了什么问题,或者有相关图书出版计划,也请您发邮件告诉我们,以便我们更好地为您服务。

我们的联系方式:

清华大学出版社计算机与信息分社网站: https://www.SHUIMUSHUHUI.com/

地　　址:北京市海淀区双清路学研大厦 A 座 714

邮　　编:100084

电　　话:010-83470236　010-83470237

客服邮箱:2301891038@qq.com

QQ:2301891038(请写明您的单位和姓名)

资源下载: 关注公众号"书圈"下载配套资源。

资源下载、样书申请

书 圈

图书案例

清华计算机学堂

观看课程直播